직업군인
어떻게
되었을까
?

꿈을 이룬 사람들의 생생한 직업 이야기 9편
직업군인 어떻게 되었을까?

1판 1쇄 찍음 2017년 01월 25일
1판 7쇄 펴냄 2022년 06월 28일

펴낸곳 ㈜캠퍼스멘토
저자 김미영
책임 편집 이동준 · 북커북
진행 · 윤문 북커북
연구 · 기획 오승훈 · 이사라 · 박민아 · 국희진 · 김이삭 · ㈜모야컴퍼니
디자인 ㈜엔투디
마케팅 윤영재 · 이동준 · 신숙진 · 김지수
교육운영 문태준 · 이동훈 · 박홍수 · 조용근
관리 김동욱 · 지재우 · 임철규 · 최영혜 · 이석기 · 임소영
발행인 안광배

주소 서울시 서초구 강남대로 557 (잠원동, 성한빌딩) 9층 (주)캠퍼스멘토
출판등록 제 2012-000207
구입문의 (02) 333-5966
팩스 (02) 3785-0901
홈페이지 http://www.campusmentor.org

ISBN 978-89-97826-13-1 (43390)

· 인터뷰 및 저자 참여 문의 : 이동준 dj@camtor.co.kr

직업군인 어떻게

되었을까?

"도움을 주신 군인들을 소개합니다"

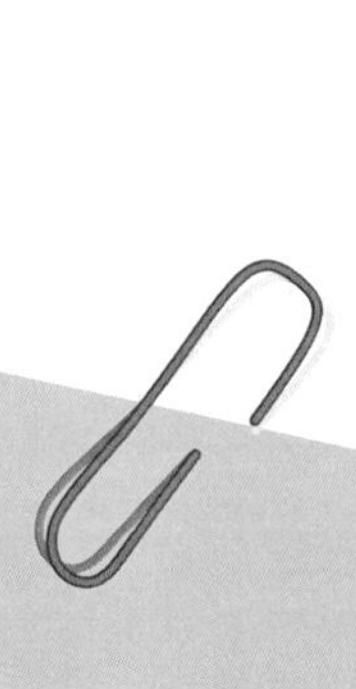

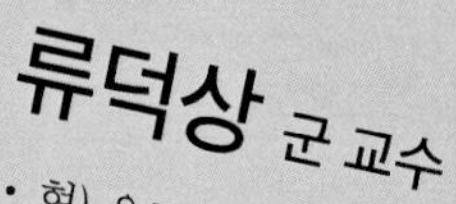

류덕상 군 교수

- 현) 육군 과학화 전투 훈련단 군 교수
- 육군 중령으로 예편
- 육군3사관학교 졸업 및 소위 임관
- 한국방송통신대학교 경영학과 졸업

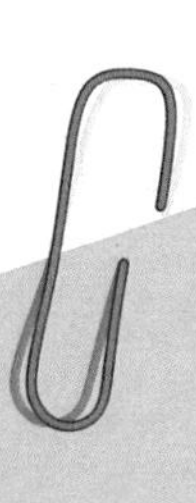

이건호 IBC GROUP 대표

- 현) IBC GROUP 대표
- 육군 소령으로 전역
- Hawaii Pacific University 석사
- 육군사관학교 졸업 및 소위 임관

허준욱 해군 중령

- 현) 초계함 함장 해군 중령
- 호위함 작전관, 구축함 부함장 임무수행
- 구축함 분대장, 고속정편대 작전관,
- 고속정장, 상륙함 작전관 임무수행
- 해군사관학교 졸업 및 소위로 임관

박성주 공군 소령

- 현) 공군 제11전투비행단 전투조종사
- 102전투비행대대 조종사 및 편대장
- 제17전투비행단 152전투비행대대 조종사
- 공군 사관학교 졸업 및 2001년 소위로 임관

서대영 육군 특전부사관 상사

- 현) 1공수특전여단 지휘부 전속부관
- 특수임무대 2중대 통신담당관
- 이라크 파병 활동(아르빌 VIP경호)
- 특전부사관 163기 임관

Chapter 1
직업군인, 어떻게 되었을까?

Chapter 2

직업군인의 생생 경험담

Chapter 3

대한민국의 든든한 수호자, 군인

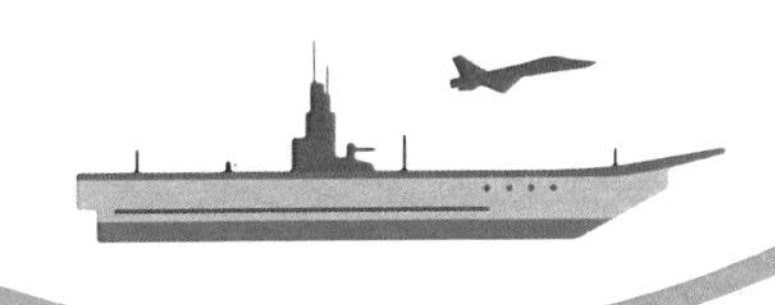

직업군인, 어떻게 되었을까?

직업군인이란?

직업군인은

국가의 안전을 보장하고, 국민의 생명과 재산을 보호하기 위하여
군에 지원하여 전투를 수행할 수 있도록 교육, 훈련을 받고
국토방위의 신성한 의무를 수행하는 사람을 말한다.

각종 매스컴을 통해 관심의 대상이 되고 있는 직업군인은 과거부터 존재했고, 앞으로도 없어지지 않을 직업이다. 극한의 업무수행은 기계 및 로봇이 대신한다 해도 국토방위의 사령탑 역할은 명석한 두뇌와 판단력을 가진 장교의 몫으로 남는다. 나라를 사랑하는 마음으로 올바른 판단력과 리더십을 발휘할 수 있는 능력을 갖춘다면 매우 매력적이고 보람된 직업 중 하나임은 틀림이 없다.

• 출처 : 한국직업능력개발원 커리어넷, 한국민족문화대백과

직업군인이 하는 일

국가와 국민을 지키는 직업군인은 상사가 부하에게 명령을 내렸을 때 자신의 목숨을 내어서라도 믿고 따를 수 있는 신뢰를 바탕으로 움직이는 조직이기 때문에 다른 직업과는 다른 문화와 규칙이 존재한다. 직업군인이 공통적으로 하는 일은 다음과 같다.

- **일반병사를 지휘하고 통솔한다.**

  현역 지원을 한 병사(이등병, 일등병, 상등병, 병장)가 복무 기간 동안 안전하게 군 생활을 할 수 있도록 지휘하고 통솔한다.

- **지휘관을 돕는다.**

  윗 계급인 지휘관을 보좌하여 각종 정보를 확보하고, 군사 작전, 인사, 군수 등 군 관련 전문 업무를 수행한다.

- **국가 평화를 수호한다.**

  외부의 군사적 위협으로부터 국가를 보호하고 전쟁을 막는다. 우리나라의 경우 남북한 간의 군사 분계선, 비무장지대를 관리하고, 국가 중요시설을 보호한다.

- **국가 간 안정을 위해 노력한다.**

  국가의 기간산업을 보호하고, 환경보호 활동을 지원하며, 테러·마약밀수 방지활동, 분쟁지역에 대한 평화유지 활동 등을 통하여 국가 간 안정을 유지한다.

• 출처 : 한국직업능력개발원 커리어넷

직업군인의 분류

1 활동 영역에 따른 직업군인의 분류

군인은 활동 영역에 따라 육군, 해군, 공군으로 나뉘는데, 구체적인 직무는 다를 수 있으나 계급에 따른 역할은 비슷하다. 우리나라의 경우 육군, 해군, 공군의 전체 비율은 대략 8:1:1 정도이며, 직업군인의 비율은 대략 7.0:1.5:1.5 정도 된다. 또한 2015년 기준 직업군인의 남군과 여군의 비율은 95:5 정도이며 육군, 해군, 공군의 비율 및 남군과 여군의 비율은 국가마다 조금씩 다르다.

육군	주로 지상을 활동영역으로 삼아 지상전투를 수행할 수 있도록 편성되고 훈련하는 군대를 말한다.
해군	주로 해양 · 하천 · 호수 등의 수상 · 수중 및 그 상공을 활동영역으로 하여 국가방위를 담당하는 군대를 말한다.
공군	항공기를 주요 무기로 하고 주로 공중 내지 우주 공간을 활동영역으로 하는 군대를 말한다.

2 계급에 따른 직업군인의 분류

군인은 계급에 따라 크게 장교, 준사관, 부사관으로 나뉜다. 장교의 경우 장관급 장교, 영관급 장교, 위관급 장교로 나뉘며, 장관급은 원수, 대장, 중장, 소장, 준장으로, 영관급은 대령, 중령, 소령으로, 위관급은 대위, 중위, 소위로 세분화 된다. 준사관은 준위, 부사관은 원사, 상사, 중사, 하사로 세분화 되어있다.

장관급 장교는 주로 군대 전체를 통솔하고, 군대를 전반적으로 다루는 역할을 한다. 주로 참모의 역할을 하는 경우가 많으며, 지휘관을 할 경우 보병여단이나 특전여단의 여단* 장의 역할을 수행한다.

장관급 장교의 계급장

영관급 장교는 소령 이상의 장교로서 지휘관과 참모를 포괄한다. 주로 비무장지대의 수색정찰을 지휘하거나 부대원에 대한 교육과 훈련을 지휘하고, 재해 발생 시 구조 지원활동을 지휘하는 등의 역할을 수행한다.

영관급 장교의 계급장

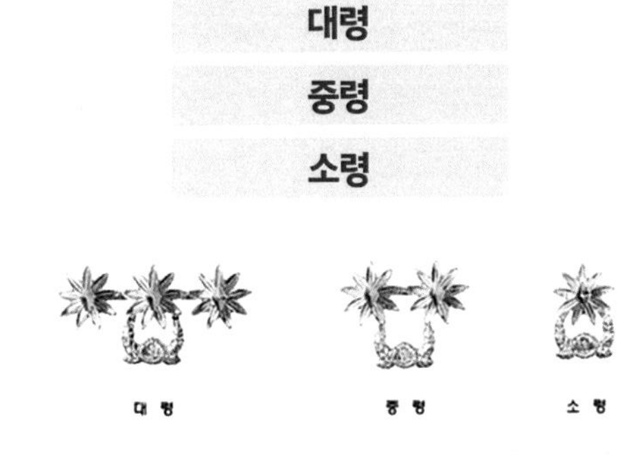

---

* 군대의 편제 단위 중 하나로 인원편성은 부대별로 다르나 대략 소대(15~30명), 중대(80~150명), 대대 (300~800명), 연대(1,000~2,000명), 여단(2,000~4,000명), 사단(10,000~15,000명), 군단(20,000~40,000명)으로 편성된다고 볼 수 있다.

위관급 장교는 중간급 지휘관으로 일반 병사를 지휘 · 통솔하거나 혹은 참모로서 지휘관 보좌하고, 전술연구 등의 역할을 수행한다.

준사관은 계급상으로는 원사 위 소위 아래에 속하는 계급으로 주로 군에서 전문적인 업무를 담당한다. 레이더 기지장, 지형분석 담당관, 영상 해독 담당관 등의 특수기술 보직의 관리직을 맡기도 하며 대규모 부대에 특별 참모로 일하는 경우도 있다.

위관급 장교의 계급장

대위
중위
소위
준위*

*준위: 장교와 부사관의 중간계급으로 기술방면으로 특화된 몇몇 병과에만 존재하는 계급이다.

부사관은 장교를 보좌하거나 사병(이등병, 일병, 상병, 병사)의 업무를 감독하거나 지시, 통제하는 역할을 수행한다.

부사관급 장교의 계급장

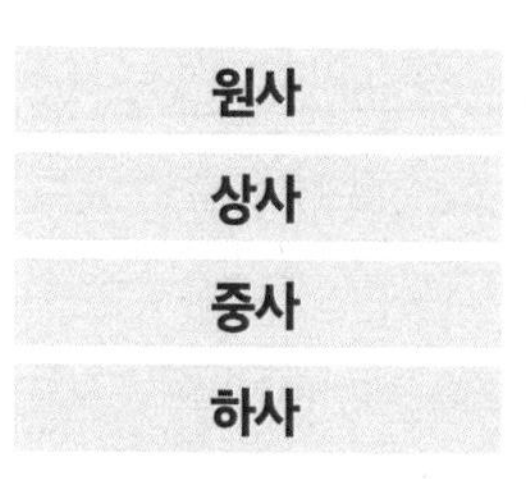

• 출처 : 한국직업정보시스템 워크넷, 도서 나의직업군인(육군)

업무에 따른 직업군인의 분류

직업군인이라는 직업 영역은 또 하나의 작은 사회로 볼 수 있다. 일반 사회 조직과 유사하지만 그들만의 법률과 규칙에 따른 의료, 보건, 법령과 법규가 존재하며 그 업무를 담당할 전문적인 인력이 필요하다. 물론 군인의 신분이면서 전문영역의 업무를 수행할 수 있는 특수한 인력이어야 한다. 전문분야에 종사하는 군인은 군의, 간호, 법무, 경리, 전산, 군악, 통역, 교수, 의정, 군종, 수의, 변리, 박사사관 등이 있으며, 그중에서도 가장 많은 인력을 필요로 하는 군의사관, 간호사관, 법무사관에 대하여 살펴본다.
그 밖의 다른 전문 분야에 종사하는 군인에 대한 정보는 위키백과 웹사이트 중 '전문사관(특수사관)'등을 통해 알아볼 수 있다.

군의사관

군대 내에서 진료, 보건, 방역을 담당하는 장교로 임관된 사람을 말하며, 유사 업무를 담당하는 전문사관으로 치의사관, 수의사관이 있다. 4년제 정규 의과대학 및 치과대학, 수의과대학을 졸업한 후 군복무 대상자가 군에 입대하면 일정한 훈련과정을 거쳐 군의사관으로 임관된다.

한의사의 경우는 군의사관과는 별개의 신분인 '한의침구사'로서 복무하게 된다. 의무 복무기간은 3년이고, 장기 복무를 지원하면 군에서 수련의 과정을 거치게 되며, 이 경우 복무기간은 10년 이상이다.

간호사관

군대에 소속되어 있는 군병원에서 간호업무를 담당하는 장교를 말하며, 간호사관학교를 졸업하거나 일반대학 간호학과를 졸업하고 간호사 국가시험을 합격하여 임관된다. 간호사관학교를 졸업하면 임관된 후 6년 동안 의무복무를 하게 되고, 간호학과를 졸업하여 시험에 합격한 경우는 3년의 의무복무를 하게 된다. 장기복무를 원하면 복무 중 장기복무를 신청하면 된다.

군법무관

군법무관은 단기법무관과 장기법무관이 있다. 단기법무관은 법학대학원을 졸업한 후 변호사 시험에 합격한 사람 중 병역의 의무가 있는 지원자 중 추첨을 통해서 임관된 사람을 말한다. 장기법무관은 법무관을 직업으로 생각하여 군법무관으로 복무하고자 하는 사람을 시험을 통하여 선발한다. 단기법무관의 의무복무기간은 3년이고, 장기법무관의 복무기간은 10년이며, 장기법무관의 경우 자신의 능력에 따라 장군까지 진급할 수 있다.

직업군인의 자격 요건

어떤 특성을 가진 사람들에게 적합할까?

- 각종 훈련을 견딜 수 있는 강한 체력과 정신력을 가지고 있어야 한다.
- 무엇보다 나라를 사랑하는 마음, 올바른 국가관을 가지고 있어야 한다.
- 업무의 특성상 계급이 중요시되는 직업이므로 충성심이 요구된다.
- 통제된 생활에 잘 적응하고 절도 있게 생활할 수 있는 자세와 인내심이 있어야 한다.
- 단체생활을 기본으로 하기 때문에 대인관계 및 의사소통능력이 필요하다.
- 리더십, 상황 판단력, 분석력, 통찰력, 윤리의식, 책임감이 필요하다.

• 출처 : 한국직업능력개발원 커리어넷

직업군인과 관련된 특성

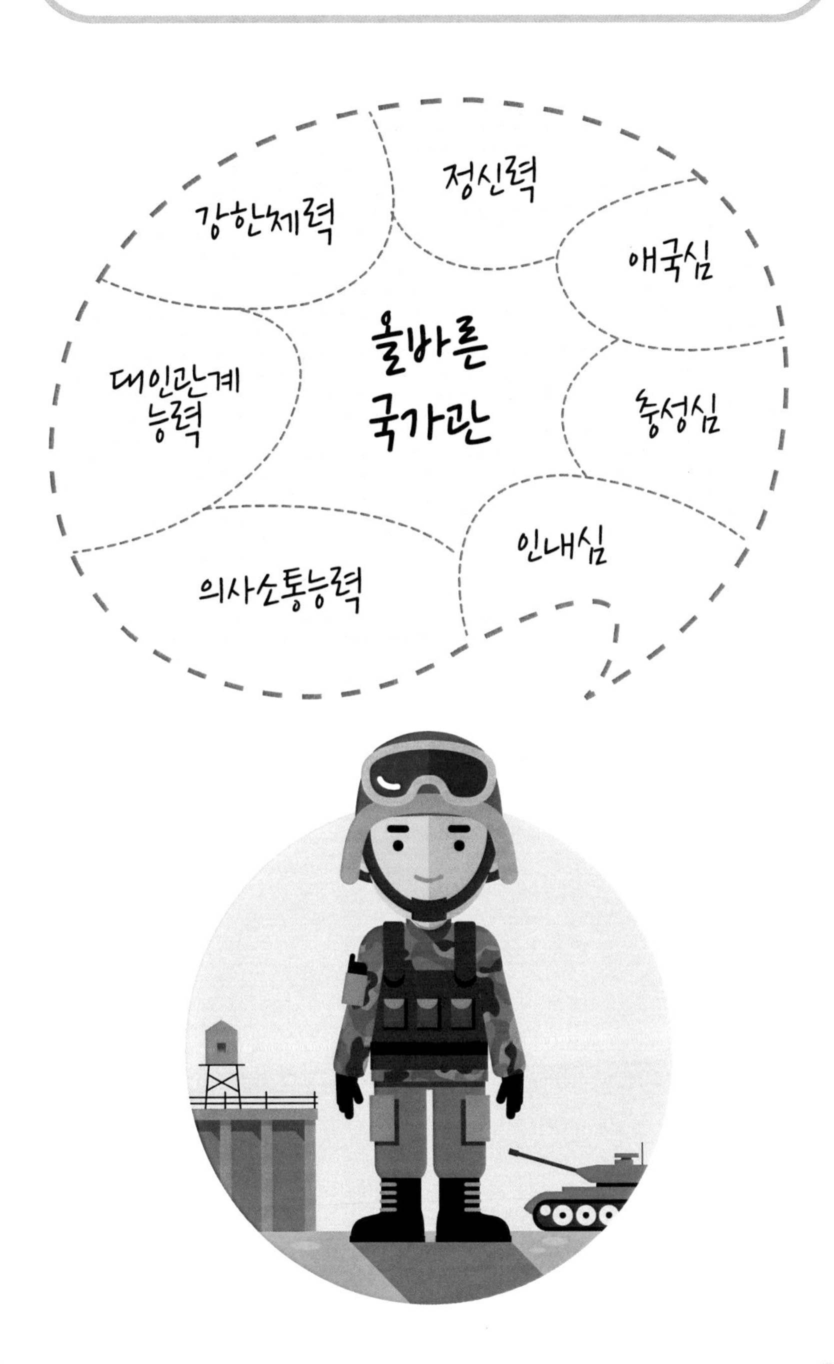

톡(Talk)!
류덕상

군인으로서 가장 중요한 덕목은 사명감과 책임감, 그리고 강한 체력입니다.

군인은 국가와 국민을 위해서 목숨을 다 바쳐 충성할 수 있는 확고한 사명감을 가져야 합니다. 한 가정의 가장으로서 가족을 보호하고 지키려는 책임감도 필요하죠. 그 두 가지를 실천할 수 있도록 언제나 건강한 체력을 유지해야 합니다.

톡(Talk)!
이건호

누군지도 알지 못하는 사람을 위해 기꺼이 목숨을 내어주는 직업이 군인입니다.

군인은 임무 수행에 대해 대가나 인정을 바라지 않습니다. 개인적으로 누군지 알지 못하는 사람, 바로 모든 국민을 위해 기꺼이 목숨을 내어줄 수 있다는 자부심으로 생활하기 때문이지요.

톡(Talk)!
허준욱

스스로에 대한 믿음과 자부심이 중요합니다.

'군인은 명예를 먹고 산다'는 표현이 있습니다. 그만큼 군인에게 명예가 중요하다는 말인데, 이는 스스로 떳떳하며 타인에 대해 자랑스러운 마음을 가져야 함을 의미합니다. 자신의 안위보다 더 귀한 가치를 위해 헌신하는 사람이니까요.

톡(Talk)!
박성주

냉철한 판단력과 절차의 준수가 중요합니다.

자신의 능력이 어디까지인지를 정확하고 냉철하게 판단하고 규정과 절차를 준수해야 안전한 비행이 됩니다. 아무리 베테랑 조종사도 자신의 능력을 넘어서면 자신의 생명만 아니라 같이 비행을 하는 동료의 생명도 위태롭게 만들 수 있습니다.

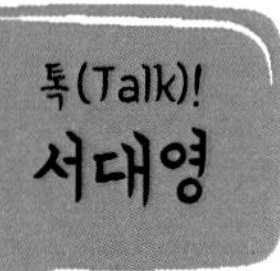

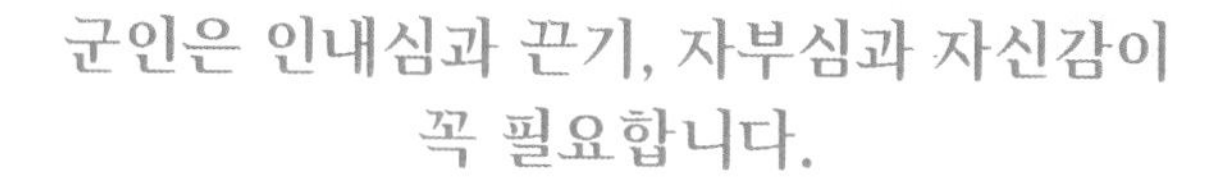

군인은 인내심과 끈기, 자부심과 자신감이 꼭 필요합니다.

군인은 자신과의 싸움에서 이겨낼 수 있는 힘이 없으면 군복을 입을 준비가 된 것이 아닙니다. 그 힘은 바로 인내심과 끈기죠. 또한, 군인이 하는 일은 나라와 국민을 사랑하고 보호하겠다는 자부심과 자신감이 충만해야 해낼 수 있습니다.

내가 생각하는 직업군인의
자격 요건을 적어 보세요!

직업군인이 되는 과정

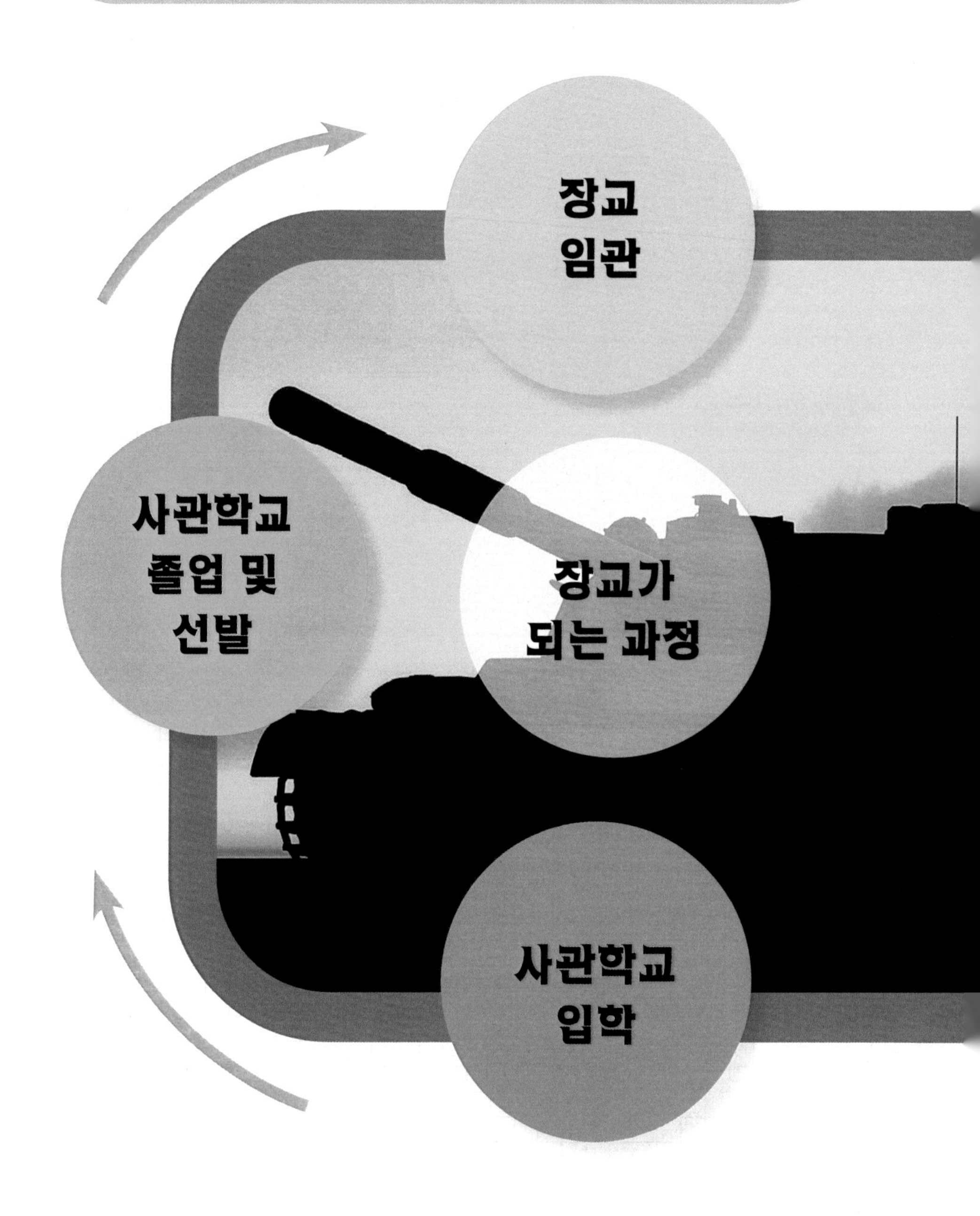

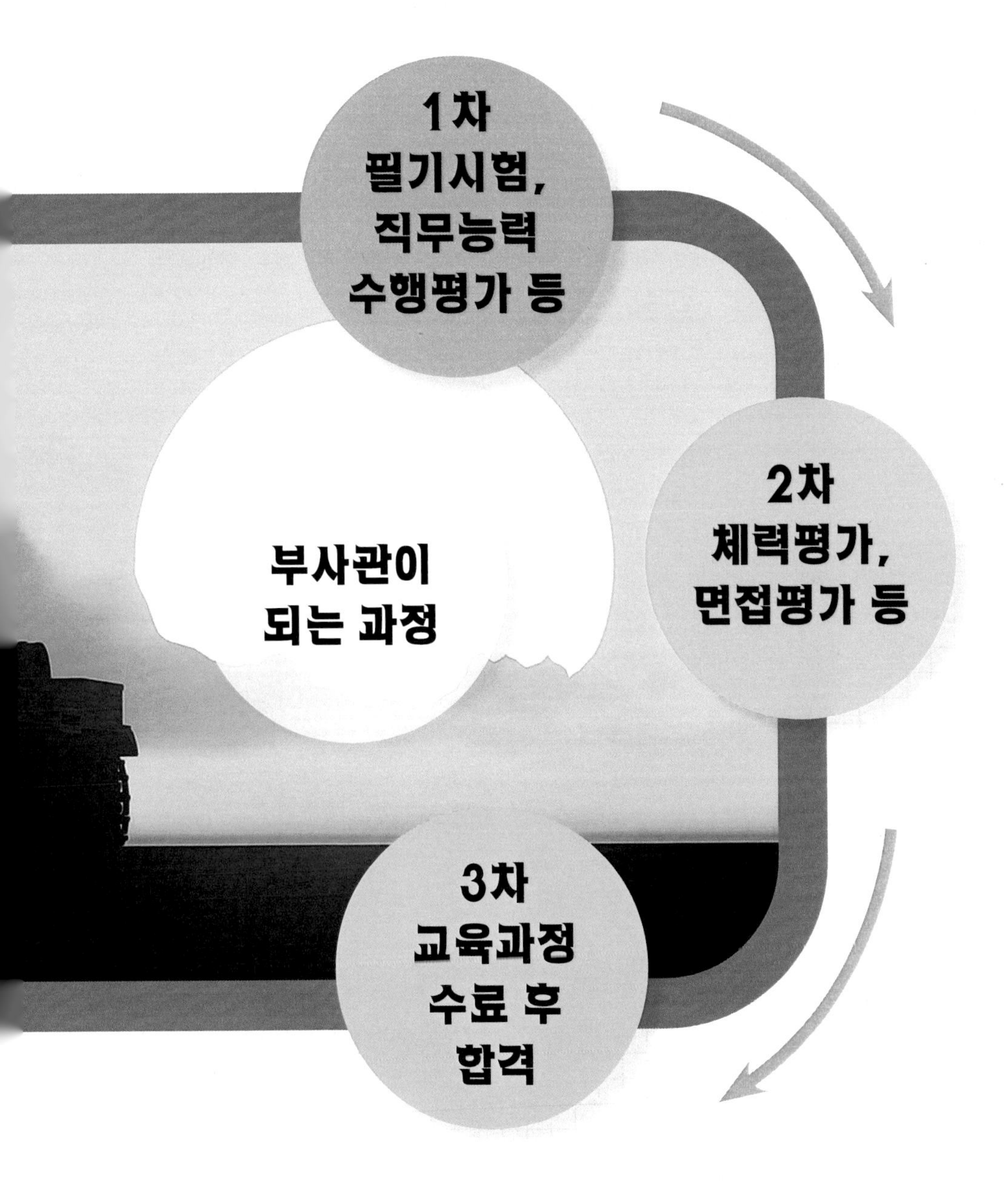

*이 페이지에서는 아주 간략하게 소개한 것이며
장교, 준사관, 부사관, 특전부사관 등이 되는 과정은 각각 상이하므로 확인 요망

장교의 자격 조건

- 육군사관학교 또는 육군3사관학교를 졸업한 자
- 해군사관학교, 공군사관학교를 졸업한 자
- 대학 2년 과정을 수료하고 장교후보생 군사교육과정(ROTC : 학군단) 이수자 중 선발된 자
- 4년제 대학을 졸업하여 학사 이상의 학력을 가진 자 중 선발된 자
- 전문사관의 경우 법무, 군의, 치의, 간호 등 유자격자

전문사관이 되는 자격 조건

- 군의사관: 4년제 정규 의과대학 및 치과대학, 수의과대학을 졸업한 자
- 간호사관: 간호사관학교를 졸업하거나 일반대학 간호학과를 졸업하고 간호사 국가시험을 합격한 자
- 군법무관: 법학대학원을 졸업한 후 변호사 시험에 합격한 자

Q. 사관학교에 입학하는 것은 어렵나요?

일단 내신 성적, 사관학교 자체 필기시험, 수학능력시험 등의 기본적인 성적도 매우 높은 수준을 요구합니다. 다양한 분야의 첨단 군사기술과 전략 및 전술을 익히기 위해서는 상당히 높은 수준의 학습능력이 필요하기 때문입니다.

또한, 육체적 역량인 체력과 건강 상태에 대해서도 까다로운 기준을 통과해야 합니다. 일반적인 군인(병사 계급)의 체력평가 최고 기준이 육사 생도에게는 최저 기준으로 적용될 만큼 높은 기준을 가지고 있지요.

장교가 되는 과정

■ 자격 조건이 되는 자 중 졸업, 선발과 동시에 장교로 임관

Q. 육군3사관학교에서 장교가 되려면 어떤 과정을 거쳐야 하나요?

육군3사관학교에서 장교가 되기 위해서는 아래의 전 과정을 제대로 이수해야 임관할 수 있습니다. 첫 번째, 학과 시험, 체력 검정, 국가관과 사명감을 식별하기 위한 면접 등의 선발 과정에 합격해야 됩니다. 두 번째, 한 달 동안 가 입교 기간에 적성, 정신력, 체력, 협동심 등 장교로서 기본 자질에 대한 평가에 최종 합격해야 정식으로 입교할 수 있어요. 세 번째, 입교 후에는 2년간 사관생도로서 내무생활, 전술학, 화기학, 교양학 등 임무수행에 필요한 교육을 제대로 이수해야 하죠. 네 번째, 임관 종합 시험에 최종 합격해야 합니다.

그리고 임관한 이후에는 육군의 각 병과 학교에 입교하여 6개월간 병과 특성에 부합된 초급장교 보수교육 및 지휘실습과정을 수료해야 전후방 각급부대의 임무수행 장소로 보임되어 소대장 임무를 수행할 수 있게 됩니다.

준사관의 자격 조건

- 기술행정 준사관: 원사 또는 상사로 2년 이상 복무 중인 자
- 항공운항 준사관: 고등학교 이상의 학력이 있거나 부사관 임관 후 2년 이상 복무 중인 자 (50세 이하인 자)
- 통역, 번역 준사관: 고등학교 이상의 학력이 있거나 부사관 임관 후 2년 이상 복무 중인 자 (45세 이하인 자)

부사관의 자격 조건

- 고등학교 이상의 학력을 보유한 현역에서 지원한 자
- 고등학교 이상의 학력을 가진 민간인(17세 이상 27세 미만) 중 지원한 자
- 예비역 병장 출신자로 제대 후 2년 이내에 지원한 자
- 각 전문대학(폴리텍대학 포함)의 부사관 관련 학과의 2학년(3학년) 재학생 또는 졸업한 자

부사관이 되는 과정

■ 자격조건이 되는 자에 한해 지원 가능하다.

■ 1차시험에는 필기시험, 직무수행능력평가가 있다.

■ 1차 시험에 합격한 자에 한해 2차 시험을 실시한다. 2차 시험에는 체력평가, 면접평가, 신체검사, 인성검사, 신원조회 등을 거친다.

■ 합격 이후 군필자의 경우 16주 과정의 부사관학교를 수료해야 한다.

■ 군 미필자의 경우에는 5주의 훈련소 입소 훈련과, 16주의 부사관학교 과정을 수료해야 한다.

특전부사관이 되는 과정

- 자격조건이 되는 자에 한해 지원 가능하다.
- 필기평가, 신체검사, 신원조사, 체력검정, 인성검사, 면접평가를 거쳐 선발된다.
- 선발 이후에는 군인화 과정 5주, 공수교육 과정 3주, 신분화 과정 9주의 특수전교육단 17주 과정을 거쳐야 한다.

Q. 특전사가 되기 위해서는 어떤 과정을 거쳐야 하나요?

먼저 특전교육단에서 5주 동안의 신병 교육을 통해 기초 군사훈련을 받게 됩니다. 신병교육을 마친 후에는 3주 동안의 공수교육과 4회의 자격강화 훈련을 받게 됩니다. 이후에는 5주간의 부사관 후보생 기본 교육을 받게 됩니다. 이 과정은 인성교육과 예절교육, 유격과 전투체육, 사격 등 특선부사관으로서의 기본자질과 체력, 전장 환경에 대한 극복능력을 갖추고 교육 14주 만에 특전부사관으로서 새 출발을 하게 됩니다. 부사관 교육을 마친 특전용사들은 특전 교육단에서 11주 동안의 부사관 초급교육을 받게 되죠.

직업군인이라는 직업의 좋은 점 • 힘든 점

톡(Talk)!
류덕상

| 좋은 점 |

군대 장교 출신의 우수한 능력을 인정받습니다.

저를 군대의 장교 출신이라고 소개했을 때, 사람들은 '책임감이 남다르며 리더의 역할을 잘할 것이다', '편법을 이용하지 않고 정당한 방법을 사용할 것이다', '용감하고 패기 있게 일을 성취할 것이다.'라고 생각합니다. 신뢰를 주는 이미지 덕분에 일이 쉽게 풀리는 경우가 종종 있습니다.

톡(Talk)!
이건호

| 좋은 점 |

항상 젊고 건강한 병사들과 생활하기 때문에 몸도 마음도 강인해져요.

대한민국의 젊고 건강한 남자라면 군대를 경험하게 되지요. 장교는 그 병사들과 함께 생활하다 보니 항상 육체적, 정신적으로 건강하고 강인한 생활을 할 수 있어요.

톡(Talk)!
허준욱

| 좋은 점 |

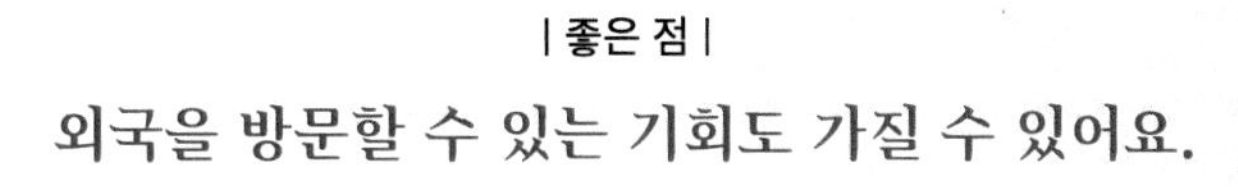

외국을 방문할 수 있는 기회도 가질 수 있어요.

군대는 주로 부대 단독으로 훈련을 계획하지만, 종종 외국군과 연합훈련을 한답니다. 그 훈련을 받기 위해 한국과 외국을 오가기 때문에 외국을 방문할 수 있는 기회를 얻을 수 있어요.

톡(Talk)!
박성주

| 좋은 점 |

동료 간에 끈끈한 우정을 나눌 수 있어요.

나라를 지킨다는 같은 목표를 가지고 목숨을 건 비행을 하기 때문에, 동료 사이에 매우 끈끈한 우정이 생기게 됩니다. 평생을 함께 할 수 있는 동료를 얻는다는 것은 인생의 큰 기쁨이지요.

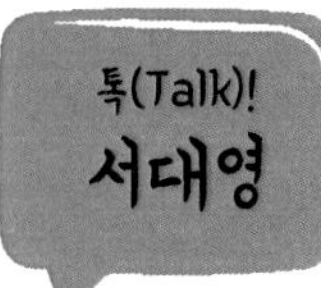

| 좋은 점 |

나라에서 지원해주는 복지 혜택을 받을 수 있습니다.

군인이 되어 결혼을 하게 되면 군인 아파트를 관사로 받을 수 있습니다. 자녀 교육비도 고등학교까지 무상이랍니다. 출장 때문에 기차 이용이 잦기 때문에 기차 이용료도 무료이고요. 또한 군인은 공무원이기 때문에 20년 이상 근무를 하면 연금을 받을 수 있어요.

톡(Talk)!
류덕상

| 힘든 점 |

개인보다 조직이 우선이므로 사적인 생활에 어려움이 있기도 합니다.

군대는 개인보다 조직을 우선으로 하는 집단입니다. 따라서, 가정과 일이 겹칠 때 조직을 선택해야 하는 경우가 많습니다. 가족들의 이해와 양보가 많이 필요하죠. 그럴 땐 마음이 무겁고 힘들어요.

톡(Talk)!
이건호

| 힘든 점 |

지적, 정신적, 육체적 역량을 강화하기 위해 끊임없이 노력해야 해요.

군인은 끊임없이 지적, 정신적, 육체적 역량을 강화하기 위해 노력해야 해요. 이를 위해 각종 교육 및 시험, 수검, 체력 검정 등의 엄격한 평가를 매년 거쳐야 한다는 것이 부담될 때가 많아요.

톡(Talk)!
허준욱

| 힘든 점 |

상위 계급으로 진급이 되지 않으면 일찍 전역해야 할 수도 있어요.

군대는 계급으로 이루어진 사회입니다. 당연히 하위 계급보다 상위 계급의 인력이 적어요. 업무 평가와 시험을 통해 상위 계급으로 진급을 하는데, 몇 번의 기회를 놓치게 되면 원하지 않아도 일찍 전역하는 경우가 종종 있어요.

톡(Talk)!
박성주

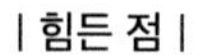

가족들이 안전에 대해 염려를 해서 마음이 아플 때가 있어요.

하늘에 구름이 많거나 바람이 많이 불 때, 안개가 끼거나 눈과 비로 날씨가 안 좋을 때 비행을 하게 되면 가족들이 큰 걱정을 해요. 제 안전을 염려해 마음을 졸이며 기다릴 때에는 저도 마음이 아픕니다.

톡(Talk)!
서대영

| 힘든 점 |

강도 높은 훈련이 많기 때문에 때론 지치기도 합니다.

군인은 실전처럼 강도 높은 훈련을 많이 합니다. 훈련을 통해서 나를 강하게 만들 수 있다는 점은 좋지만 계속 반복되는 훈련에 체력적으로 힘이 들고, 정신적으로 약해질 때도 있어요. 그때마다 자신과의 싸움에서 이겨야만 훈련을 무사히 마칠 수가 있습니다.

직업군인 종사 현황

성별

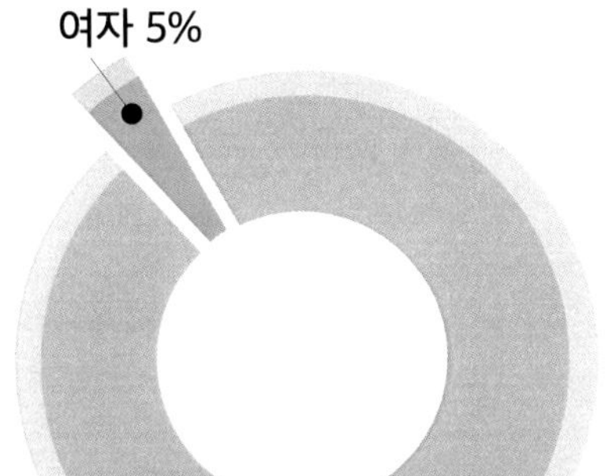

임금 수준(단위: 만 원)

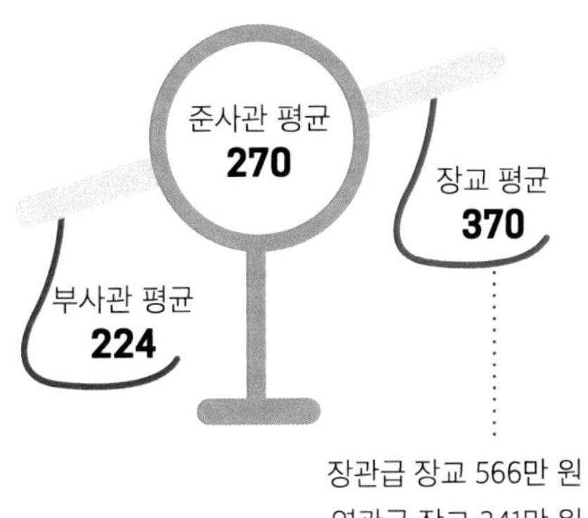

장관급 장교 566만 원
영관급 장교 341만 원
위관급 장교 204만 원

* 봉급조견표를 이용하여 간단히 합산한 평균임

학력 분포

▪ 장교의 학력분포

학력	비율
고졸이하	0.0 %
학사	75 %
석사	23 %
박사	2 %

▪ 부사관의 학력분포

학력	비율
고졸이하	59 %
전문학사	30 %
학사	10 %
석사	1 %

직업군인의

생생 경험담

미리 보는 직업군인들의 커리어 패스

류덕상

한국 방송통신 대학교 경영학과 졸업 > 육군 3사관학교 졸업 및 소위 임관 >

허준욱

해군사관학교 졸업 및 소위 임관 > 구축함 분대장, 고속정편대 작전관, 고속정장, 상륙함 작전관 임무수행 >

이건호

육군사관학교 졸업 및 소위 임관 > Hawaii Pacific University 석사 >

박성주

공군사관학교 졸업 및 소위 임관 > F-4 전투조종사 >

서대영

특전부사관 163기 임관 > 이라크 파병 활동 (아르빌 VIP경호) >

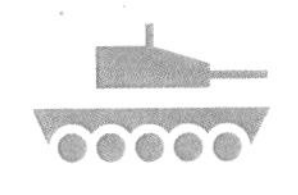   

육군 중령으로 예편 〉 현) 육군 과학화 전투 훈련단 군 교수

호위함 작전관, 구축함 부함장 임무수행 〉 현) 초계함 함장 해군 중령

육군 소령으로 전역 〉 
현) IBC GROUP 대표

F-15K 전투조종사 및 편대장  현) 공군 제11전투비행단 전투조종사

특수임무대 2중대 통신담당관  현) 1공수특전여단 지휘부 전속부관

고등학교를 졸업하고 육군 3사관학교에 입교하여 2년간의 생도 생활을 했다. 이후 육군 소위로 임관하여 중령으로 예편할 때까지 30년 동안 전후방 각지에서 소대장과 중대장 및 대대장 직책을 성공적으로 수행하였다.

대대에서부터 육군본부까지 각급 제대에서 다양하게 부여받은 참모 임무를 수행하였으며, 육군 중령으로 전역한 후에는 군 생활의 노하우를 후배 장병들에게 전수해 주기 위해서 11년 동안 육군 과학화 전투 훈련단에서 예비역 군 교수 임무를 성실하게 수행하고 있다. 전장에서 싸워 이길 수 있도록 실전과 같은 전투훈련을 연습하고, 전투방법과 전투기술을 숙달시키며, 전장에서의 마찰과 공포를 효율적으로 극복할 수 있도록 늘 자상하게 지도 및 조언을 해 주고 있다.

현재 군의 대선배로서 강인하면서도 인간적이고 따뜻한 시선으로 적과 싸워 이길 수 있는 전장 리더십을 길러주는 예비역 군 교수의 역할을 수행하고 있다.

육군 과학화전투훈련단 군 교수

류덕상

- 현) 육군 과학화 전투 훈련단 군 교수
- 육군 중령 예편
- 육군 3사관학교 졸업 및 소위 임관
- 한국 방송통신 대학교 경영학과 졸업

직업군인의 스케줄

류덕상
군 교수의
하루

21:30 ~ 24:00
▸ 가족과의 시간, 휴식

24:00 ~ 05:00
▸ 수면

05:00 ~ 06:30
▸ 출근준비 및 아침식사

06:30 ~ 07:30
▸ 출근 및 상황보고 준비

07:30 ~ 08:30
▸ 상황보고 및 오전 과업 준비

08:30 ~ 12:00
▸ 오전 과업(전투훈련)

12:00 ~ 13:00
▸ 점심 식사 및 휴식

13:00 ~ 17:30
▸ 오후 과업(전투훈련)

17:30 ~ 19:30
▸ 기타 및 추가 업무 처리

19:30 ~ 20:30
▸ 퇴근 및 저녁 식사

20:30 ~ 21:30
▸ 오늘의 과업 정리 및 다음날 과업 준비 (야간 전투훈련 또는 철야 전투훈련 시 참여)

군인 장교는 나의 꿈

▶ 고등학교 급우들과 함께

▶ 학창 시절의 나

▶ 초등학교 졸업사진

Question

초등학교 시절은 어떻게 보내셨나요?

수업 시간에는 수업에 집중하고 선생님 말씀을 잘 듣는 모범생이었지만, 쉬는 시간에는 여자아이들의 놀이를 훼방 놓던 개구쟁이였습니다. 그 당시 시골집에서 초등학교까지 왕복 5㎞의 길을 걸어서 다니며, 친구들과 후배들을 항상 이끌고 다녔어요. 친구들을 골탕 먹이는 것도 좋아해서 일부러 벌집을 건드리거나 밤송이를 떨어뜨리기도 했습니다. 하지만 다른 동네 아이들이 우리 동네 아이들을 괴롭힐 때는 앞장서서 보호해 주는 의협심이 강한 골목 대장형 개구쟁이였죠.

하교 후에는 농사일, 누에치기, 닥나무 수집 및 가공 등 집안일을 열심히 도와드렸습니다. 기르던 소들에게 밥을 주거나 나무도 하고요. 그 당시에는 국가의 경제도 가정의 경제도 매우 어려웠기 때문에 문화 혜택은 누리지 못했어요. 요즘 학생들은 문화적 혜택을 많이 받을 수 있게 되었지만, 상대적으로 경쟁이 치열해져서 하교 후에 학원을 다니느라 바쁜 모습을 보면 매우 안타깝습니다.

Question

중학교, 고등학교 시절에도 여전히 개구쟁이였나요?

중학교에 올라가서는 어린 시절의 개구쟁이 티를 벗고 선생님들께 칭찬받는 학생이 되었습니다. 선생님이 하지 말라는 것은 하지 않았고, 말썽을 피우는 일도 없었습니다. 하지만 중학교 3학년 후반기 즈음 가정 형편이 어려워서 좋은 고등학교에 진학하기 어렵다는 것을 알게 된 후에는 공부를 게을리하게 되었고, 방황을 했죠. 그때를 생각하면 마음이 아프기도 하고 무척 후회도 됩니다.

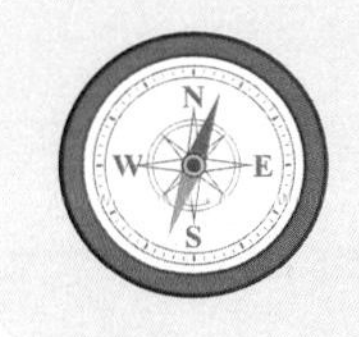

고등학교 시절에는 다시 마음을 다잡고 성실하게 학교생활을 했어요. 3년 동안 반장

하는 일을 적극적으로 도와주었죠. 이로 인해 선생님들로부터 희생과 봉사정신이 뛰어나다고 칭찬도 많이 받았습니다.

Question 어릴 적 성격이 후에 어떤 영향을 주었나요?

초등학생 시절엔 개구쟁이였고, 중고등학생 때에는 잠시 방황을 하기도 하였지만 항상 규칙과 질서를 중요시하고 정도를 크게 벗어나지 않는 성격이었습니다. 특히 6남매의 장남이다 보니 책임감이 강하고, 양보와 배려가 자연스럽게 체득되어 개인보다는 전체를 우선시 했죠. 어떤 그룹에서든 앞장서는 것을 좋아해 지금까지 동창회나 각종 모임의 회장을 오랫동안 맡고 있네요. 이러한 성격은 30년 동안 장교 생활을 하는 데 큰 도움을 주었고, 11년 동안 이어온 군 교수 생활에도 좋은 영향을 주었다고 생각합니다.

Question 군인이셨던 아버지는 어떤 분이셨나요?

육군 중위로 예편하시고, 엄정면 예비군 중대장이셨던 아버지께서는 국가관과 사명감이 투철하셨고, 청렴결백하신 분이셨습니다. 가정보다는 예비군 중대장 업무수행과 지역 사회 발전을 최우선으로 생각하시며 열심히 근무하셨어요. 그러다 보니 지역주민으로부터 존경을 받았고, 대통령 표창 및 각종 표창을 많이 수상하셨죠. 반면 집안은 경제적으로 매우 어려웠습니다. 장남인 저는 어릴 때부터 학교를 마친 후에 어머니를 도와 농사일 및 집안일을 해야 했습니다. 참 힘들었지만 아버지를 존경했고, 주변으로부터 존경받는 아버지를 보며 아버지처럼 훌륭한 군인이 되어 국가에 충성하겠다는 마음을 굳게 다지게 됐어요.

또, 제가 어린 시절에 아버지는 옳은 일을 한 것에 대해서는 칭찬을 많이 해 주셨지만 옳지 않은 행동을 했을 때는 팔굽혀 펴기, 차렷 자세로 오래 서 있기, 두 팔 들고 오래 서 있기, 무릎 꿇고 오래 있기 등 군대식으로 엄격하게 훈육하셨어요. 한번은 하굣길에 땅속에 있는 땅벌 집을 일부러 건드려서 뒤 따라 오던 친구들이 땅벌에 많이 쏘인 적이 있는데 그때 엄청 호되게 혼이 났던 기억이 납니다. 항상 규율과 규범이 몸에 베도록 잘 가르쳐주셨어요.

Question 학창 시절, 진로를 어떻게 결정하게 되었나요?

고등학교 1학년 때 진로에 대해 고민하게 되었습니다. 당시 해병대 대위 출신이신 담임선생님을 무척 좋아하고 존경했습니다. 자연스럽게 그 선생님께서 가르치셨던 도덕, 역사 과목을 좋아하게 되었고요. 하루는 선생님과 진로 상담을 했는데, 리더십을 발휘할 수 있는 군인 장교가 제 적성과 잘 맞고 잘 어울릴 것 같다는 말씀을 해주셨어요. 평소 존경하는 선생님의 말씀이라 더욱 군인이라는 직업에 대한 확신을 가지게 되었죠. 선생님을 따라 도덕과 역사 과목 공부를 열심히 했던 것은 군 장교가 된 후에 지휘관 및 참모 업무를 수행하는 데 많은 도움이 되었습니다. 또한, 아버지께서 제가 군인이 되었으면 좋겠다는 말씀을 자주 하신 것도 진로를 결정하는데 영향을 주었습니다.

아버지의 정부훈장 수상 기념

사명감, 책임감, 건강한 체력

▶ 사관생도 시절의 모습

▶ 사관생도복을 입고 교탑에서

▶ 교육훈련을 받는 모습

육군 3사관학교에 입학한 계기는 무엇인가요?

진로에 대해 정보를 탐색하던 중 육군 장교가 되기 위해서는 육군 사관학교나 육군 3사관학교에 입학해야 한다는 것을 알게 되었어요. 당시에 4년제 대학 졸업과 동시에 장교로 임관하게 되는 방법은 서울에 있는 육군 사관학교와 공군 사관학교, 진해에 있는 해군 사관학교뿐이었습니다. 지금도 입학 경쟁률이 매우 높은 편인데, 당시에는 더욱 쉽지 않았죠. 육군 사관학교를 가고자 열심히 준비했지만 시험에 합격하지 못했어요. 시골 학교의 여건과 집안의 경제적 어려움 등으로 재수를 하기는 어려워서 실망하고 있던 제게 아버지께서 육군 3사관학교 시험을 보는 것이 어떻겠냐고 권유하셨습니다. 포기하지 않고 다시 준비하여 도전한 결과 경북 영천에 위치한 육군 3사관학교에 합격해 13기로 입학하게 되었어요. 한 달간의 가 입교 기간과 2년간의 생도생활을 거쳐 우수한 성적으로 졸업을 할 수 있었죠. 졸업과 동시에 육군 보병 소위로 임관하여 30년 동안 장교 생활을 했습니다.

현재 육군 3사관학교 입학이 과거와 달라진 점이 있나요?

과거에는 고등학교 졸업을 하고 예비고사에 합격한 자에 한해서 응시할 수 있었으며, 2년간 교육훈련을 마치고 장교 임관(육군 소위)과 함께 초급대학 졸업 자격을 부여했습니다. 현재에는 대학교 2학년 과정을 수료했거나 전문대학교를 졸업한 자에 한해서 육군 3사관학교 시험에 응시할 수 있고, 2년간 생도생활을 거치면 4년제 대학 졸업 자격과 함께 육군 소위로 임관하여 장교생활을 하게 되는 것으로 알고 있습니다.

육군 3사관학교에서는 주로 어떤 것들을 배우나요?

육군 3사관학교에서는 2년간의 합숙 생활을 통해 전우애와 단결력을 함양시키고, 장교로서 임무 수행을 잘하기 위한 강인한 정신 전력, 지휘통솔능력, 전술학, 화기학 등을 중점적으로 배웁니다. 기본적인 체력을 기르기 위한 운동도 많이 하죠. 그 뿐만 아니라 4년제 대학 졸업과 동등한 자격을 이수하기 위한 역사, 국어, 영어, 수학 등 교양학과, 전공학과에 대한 집중 교육을 받습니다. 교과 과정 외에는, 동아리 활동을 통해 개인의 취미와 적성을 계발하고, 충성제 등 다양한 문화 체육 행사에도 참여하지요.

육군 장교가 되기 위한 과정은 어땠나요?

육군3사관학교에서 장교가 되기 위해서는 아래의 전 과정을 제대로 이수해야 임관할 수 있었습니다. 첫 번째, 학과 시험, 체력 검정, 국가관과 사명감을 식별하기 위한 면접 등의 선발 과정에 합격해야 합니다. 두 번째, 한 달 동안 가 입교 기간에 적성, 정신력, 체력, 협동심 등 장교로서 기본 자질에 대한 평가에 최종 합격해야 정식으로 입교할 수 있어요. 세 번째, 입교 후에는 2년간 사관생도로서 내무생활, 전술학, 화기학, 교양학 등 임무수행에 필요한 교육을 제대로 이수해야 하죠. 네 번째, 임관 종합시험에 최종 합격해야 합니다.

그리고 임관한 이후에는 육군의 각 병과 학교에 입교하여 6개월간 병과 특성에 부합된 초급장교 보수교육 및 지휘실습과정을 수료해야 전후방 각급 부대의 임무 수행 장소로 보임되어 소대장 임무를 수행할 수 있게 됩니다.

사관생도에서 군인이 되는 과정 중 가장 힘들었던 것은 무엇인가요?

2년의 생도 과정 중에서 1년 동안 소대장 생도의 임무를 수행하였는데, 소대장으로서 같은 동료 생도인 소대원들을 지휘하고 통제하는 것이 매우 큰 부담이자 고충이었어요. 매사에 항상 솔선수범하여 모범을 보여야 했고, 배운 대로 원리 원칙대로 소대장 생도 역할을 수행해야 했죠. 소대장 생도는 늘 현재의 상황에서 최선의 방안을 찾으려고 고민해야 했습니다. 매우 힘들었지만 꾸준히 노력한 결과 동료 소대원 생도들로부터 두터운 신임을 받게 되었어요. 소대장의 역할은 6개월만 하고 다른 생도로 교체하게 되어 있는데 저는 1년 동안 맡게 되었죠. 동기생들을 만나면 소대장 생도 시절을 추억하곤 하는데요, 열심히 최선을 다했던 제 모습을 칭찬하는 말을 들을 때면 많은 보람을 느끼곤 합니다.

체력적으로 힘들기도 했나요?

네. 가장 힘들었던 것 중 하나가 달리기였는데, 다른 생도들보다 달리기에 자신이 없었어요. 이를 극복하기 위해 아침, 저녁으로 동료들보다 한 시간 정도 더 달리기를 꾸준히 연습했습니다. 매일의 고된 연습과 습관으로 달리기에 자신감이 생겼어요. 그때의 체력 단련이 전방 사단의 수색대대 소대장 임무도 훌륭하게 수행하는 밑거름이 되었고, 오늘날까지 건강을 유지하는 데 큰 도움이 되고 있습니다.

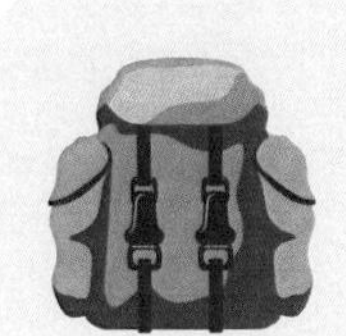

Question 훈련 시절 생각나는 추억이 있다면 들려주세요.

생도 시절 마지막 야외 전술훈련 전 여수 오동도로 외박을 나갔었는데, 그때 먹은 회가 비브리오 균에 감염된 붕장어회였지 뭐예요. 야외 전술훈련 복귀해서 극심한 배탈과 설사로 야외훈련이 끝날 때까지 무척 고생했어요. 그때도 소대장 생도 역할을 수행 중이었는데 동료들이 서로 도와주고 격려해주어 저도 책임감을 놓지 않고 그 상황을 슬기롭게 극복할 수 있었습니다. 힘들었던 기억이지만, 생사가 달린 전투 현장에서는 강인한 의지와 전우애가 승패를 좌우할 수 있는 중요한 요소라는 것을 함께 배울 수 있는 좋은 기회였지요.

Question 사관생도 시절 롤 모델로 삼은 분이 있었나요?

육군 3사관학교에 입교를 할 때에는 특별한 롤 모델은 없었어요. 다방면에 관심이 있고 잘하고 싶은 분야는 많았지만, 그 분야의 누구처럼 되어야겠다는 생각을 하진 않았죠. 그러다 육군 3사관학교 1기 선배이자 당시 소령이셨던 이무표 훈육관님을 만나게 되었습니다. 그분은 지금껏 보아왔던 그 누구보다도 후배 생도들을 가르치고자 하는 뜨거운 열정과 정성을 가지고 계셨어요. 베트남 전쟁의 안캐 패스 작전(1972년 4월 11일부터 4월 26일까지 맹호부대(수도사단) 기갑연대가 월맹군 3사단 12연대와 19번 도로상 안케패스 지역의 638고지 일대에서 실시한 전투임)의 전투 영웅으로 태극무공훈장을 받으셨는데, 전투 현장에서 초급 지휘관인 소대장과 중대장의 전투지휘가 작전의 성패를 좌우하고 많은 부하들을 죽일 수도, 살릴 수도 있음을 저희에게 항상 상기시켜주셨습니다. 이를 명심하고 전투에서 승리할 수 있는 훌륭한 소대장이 될 수 있도록 더 많은 노력을 하도록 다그치셨죠.

훈육관님의 살아있는 눈빛과 기백, 몸에 밴 전술적 사고와 행동을 볼 때마다 '나도 부하들에게 감동을 주는 장교가 되어야 겠다'고 굳게 다짐했고, 그렇게 되려면 '나에게 얼마나 많은 투자와 노력을 해야 할까?'라는 생각을 하게 되었어요. 그렇게 생도 시절 롤 모델이 되어주신 이무표 훈육관님은 장교생활과 군 교수 생활에 있어서 큰 힘이 되어주셨습니다.

사관생도 생활을 하면서 중요하게 생각한 것은 무엇이었나요?

육군 3사관학교 입학식 때 학교장님이 생도 생활을 하면서 세 가지는 꼭 얻을 수 있도록 하라는 말씀을 하셨습니다. 그 세 가지는 첫째, 국가와 국민을 위해서 목숨을 다 바쳐 충성할 수 있는 확고한 '사명감', 둘째, 한 가정의 가장으로서 가족을 사랑하고 지켜낼 수 있는 '책임감', 셋째, 위의 두 가지를 실천할 수 있는 가장 중요한 바탕인 '건강한 체력'입니다.

저 또한 이 세 가지가 중요하다고 생각하여 모두를 얻기 위하며, 세 가지를 생도 시절 때부터 끊임없이 노력했어요. 그 덕분에 생도 생활을 성실히 하면서, 덤으로 평생 함께 할 수 있는 진정한 전우인 1,212명의 동기생을 얻었고, 2년의 생도 생활 중 1년간 소대장 지휘근무자까지 체험하였으니 생도 생활은 보람 있게 잘한 것 같습니다.

든든한 장교부터 군 교수가 되기까지

▶ 대대장실에서 집무 장면

▶ 사단 선봉대대장 표창 수상

▶ 전투훈련 실시 전 사열

Question 첫 발령지의 추억을 말씀해 주세요.

처음 발령받은 곳은 강원도 화천의 중부전선의 한 사단이었습니다. 당시에 판문점 도끼만행 사건으로 남북한 간의 최고 수위 긴장 상태였습니다. 1976년 8월 18일 판문점 인근 공동경비구역 내에서 조선인민군 군인 30여 명이 도끼를 휘둘러 미루나무 가지치기 작업을 감독하던 주한 미군 장교 2명을 살해하고 주한 미군 및 대한민국 국군 병력 다수에게 피해를 입힌 사건이었죠. 전방지역에서는 실제 전투준비를 완료한 상태로 일촉즉발의 위기 상황이었어요. 저는 수색대 소대장으로 보직을 받고, 전투가 발생 되었을 시 사단의 가장 중요한 임무를 성공적으로 수행할 수 있도록 최고의 정신 무장과 전투 기술을 갖춰야 했습니다. 매일 30㎏의 완전 군장을 메고 10㎞를 무장 구보와 전투사격 및 전투정찰 훈련을 반복해서 실시했어요. 다행히 큰 위기는 발생하지 않았지만, 가장 힘들었던 동시에 그 어느 때보다 의욕이 넘쳤던 시간이었습니다.

Question 초급 장교가 갖추어야 할 중요한 자질은 무엇인가요?

초급 장교는 반드시 상급자로부터 신뢰를 받아야 하며, 하급 병사들에게 모범이 되어야 합니다. 병사들이 어떤 상황에서도 장교를 믿고 따를 수 있도록 잘하는 분야는 더욱 발전시키고, 부족한 분야는 끊임없이 보완하는 노력이 필요해요.

또한, 지휘관을 잘 보좌할 수 있는 참모로서의 초급 장교는 지휘관이 건전한 판단과 결심을 할 수 있도록 시기를 놓치지 말고 신속하게 보고해야 합니다. 상황을 있는 그대로 가감 없이 정직하게 보고해야 하고요. 다른 참모와 협조를 잘하는 능력 역시 필요하다고 생각합니다.

장교로서 가장 큰 보람을 느끼는 순간은 언제인가요?

부여된 임무를 성공적으로 수행하여 상급자로부터 칭찬과 격려를 받을 때와 부하로부터 존경과 신뢰를 받았을 때죠. 이런 노력의 결과로 상위 계급으로의 진급이 되었을 때 직업 군인에 대한 보람을 느끼게 됩니다. 또한, 후배 장교들에게 전투훈련을 통하여 싸워 이길 수 있는 전투 노하우를 전수해 줄 때, 후배 장교들이 적극적으로 수용하고 감사의 인사를 전할 때 역시 뿌듯한 순간입니다.

Question

지휘관 생활 중 가장 기억에 남는 일은 무엇인가요?

1981년 화기 중대장 시절, 사단의 공용화기 사격 경연대회가 있었어요. 대회를 준비하면서 81mm 박격포의 실탄 사격 간 안전통제를 잘 못 해서 박격포탄이 인근의 기관총 감적호에 떨어져 한 병사가 크게 다치게 되었던 사고가 있었습니다. 지금 생각해도 매우 부끄럽고 안타까운 사고입니다. 하지만 사단 사격 경연대회에서는 81mm 박격포 분야 1등을 하고 육군본부 지휘검열(육군 참모총장이 검열단을 편성하여 사단급 부대를 대상으로 전투준비 태세 및 교육훈련수준을 검열하여 잘하면 표창을 주고 못 하면 처벌을 하는 최고의 검열)에서도 1등을 한 것이 아주 큰 기억으로 남네요.

1994년 대대장 시절에는 대대의 전 장병들이 일치단결하여 월등한 성적으로 사단의 선봉대대로 선발되기도 했습니다. 당시 연대별로 순환하면서 육군사관학교 출신의 대대장이 선봉대 대장을 하는 것이 관행이었으나, 우리 대대가 가장 우수한 성적을 냈기 때문에 연대별 순환하는 관례를 깨고, 3사관학교 출신의 대대장이 처음으로 선봉대 대장을 수상하는 업적을 남기게 되었죠. 지금 생각해도 저에게는 매우 뜻깊고 보람된 일이었습니다.

전투훈련은 어떻게 이루어지나요?

전투훈련은 실제 적과의 전투를 위하여 실시하는 훈련으로, 먼저 부대의 주둔지에서 전투 준비 태세 단계별로 절차에 의거하여 전투에 필요한 병력과 장비 및 물자 등을 준비합니다. 두 번째, 실제 전투지역으로 부대 이동으로, 통상 30~40㎞ 정도 도보 및 차량 행군을 실시합니다. 세 번째, 부대 이동을 완료한 후에 집결지를 점령하여 공격 및 방어 전투에 대한 최종적인 전투준비를 완료하게 됩니다. 네 번째, 적 방어진지에 대한 공격 전투훈련을 실시하게 됩니다(대항군부대 운용). 다섯 번째, 임무를 바꾸어서 적의 공격에 대한 방어전투훈련을 실시하게 됩니다(대항군부대 운용). 여섯 번째는 전투훈련을 실시한 후에 전투훈련준비부터 실시에 대한 전 분야에 대한 잘된 점과 잘못된 점에 대한 사후 검토를 실시하면서 종료하게 됩니다. 사후검토 결과는 차기 전투훈련 준비 및 실시에 반영되어 적용하게 됩니다. 전투훈련의 성과를 증대시키기 위해 실제 전장 상황에 부합된 상황과 여건을 조성하죠. 또한 연대급은 군단에서, 대대급은 사단에서, 중대급은 연대에서, 소대급은 대대에서 통제하며, 제대별 직책별 통제관 및 평가관을 편성하고, 동급 규모의 대항군을 운용하며, 차차 상급부대 지휘관이 통제 및 평가를 실시합니다.

육군이 수행하는 중요한 업무가 무엇인지 궁금합니다.

국가 방위의 중심군으로서 육군이 수행하고 있는 주요업무를 살펴보면 다음과 같습니다. 평시에 육군이 담당하고 있는 전방 및 후방 책임 지역에 대한 경계 작전 임무를 수행하고 있습니다. 전시에 적과 싸워 이기기 위한 전투준비 태세 유지 및 보완과 교육 훈련을 실시하고 있으며, 전시에는 지상전에서 승리함으로써 전체 전투에서 승리할 수 있게 하는 것이지요. 또한, 재난과 테러 등이 발생 시에 대민지원을 통하여 국민의 안전과 위험을 해소해 주는 임무도 수행하고 있으며, 국가시책 구현에 앞장서고 국민의 편익을 적극 지원하며 장병들에 대한 민주시민 교육을 담당하고 있어요. 그리고 세계의 평화 유지를 위하여 유엔평화유지군을 운용하고 있습니다.

잠깐! 해외파병이란?

드라마 '태양의 후예' 이후로 해외 파병에 대한 관심이 높아졌습니다. 우리나라는 베트남전에 최초로 해외 파병을 한 이후, 계속적으로 해외 파병을 하고 있습니다. 현재는 10여 개 국가에 1,100명이 해외에서 국제 평화를 위해서 헌신하고 있습니다. 해외 파병은 크게 UN PKO, 다목적군, 국방 교류 협력의 형태로 이루어집니다.

대한민국 국군 파병 현황

*UN PKO(Peace Keeping Operations): 649명

UN 안보리 결의 이후에, 적대행위가 종료된 지역에서 정전감시, 평화협정 이행 감시, 전후 복구 등의 임무 수행을 목적으로 파병됩니다. 유엔사무총장이 임명한 지휘관이 전군을 통제하며, 자위적 목적에 한해서만 무력 사용이 가능합니다.

자료출처: 육군본부 홈페이지

Question 장교로서 전문성을 높이기 위해 어떤 노력을 하셨나요?

장교 시절에 매일 각종 교범을 꾸준히 숙독하여 교과적으로 능통하였으며, 군사 관련 서적을 3개월에 한 권 이상 지속적으로 탐독하고 연구함으로써 군사적인 전문성을 향상시키고자 노력했고 지금도 꾸준히 노력하는 편이에요. 또한, 전사 유적지를 직접 방문하여 현장에서 확인하고 이해하려는 노력도 도움이 되죠. 우리나라에는 가까이는 6·25 전쟁의 수많은 전적지가 있고, 멀리는 삼국시대부터 조선시대까지 각종 전쟁 유적지가 많이 있어서 본인의 의지에 따라서 얼마든지 전투 현장 답사가 가능하답니다. 그 밖에 전술적 식견을 함양하기 위해서 각종 전술토의와 세미나에 적극적으로 참석하고, 다양한 직무지식을 쌓기 위해 군과 관련된 각종 법규(법, 시행령, 시행규칙)와 국방부 및 육군본부의 관련 분야별 규정, 각급 제대의 내규를 월 1회 이상 지속적으로 숙독하는 것이 필요해요. 요즘은 군과 관련한 다양한 민원이 많이 발생하고 있어서 관련 법규를 제대로 알아야 할 필요가 있기 때문이죠.

Question 그 밖에 관심을 가지고 활동하는 분야가 있나요?

장교생활을 하면서 관심을 갖고 활동하는 분야는 크게 두 분야입니다. 첫째는 같이 근무했던 장병들과 전우애를 지속적으로 유지하기 위해서 보직이 종료된 이후에도 한 달에 한 번 이상 전화 및 문자 등으로 지속적인 연락을 하고 있어요. 분기 1회 또는 반기 1회 정도로 주기적인 만남을 통해 우애를 보다 더 돈독하게 유지하고 있죠. 군대에서 장교생활을 하는데 인적 네트워크는 매우 중요한 역할을 한다고 생각하고, 실제로 인적 네트워

크를 통해서 많은 도움을 받을 수 있었습니다.

둘째는 장교로서 부하 장병들과 원활한 의사소통을 하기 위해 노력하고 있어요. 충남대학교 심리 상담교육 등에 적극적으로 참여하며 열심히 공부했습니다. 심리상담사 2급 자격증을 취득하여 효과적으로 활용하고 있죠. 특히 전역한 후에 군 교수로 활동을 하면서 후배 장병들에게 실전적인 전투훈련을 지도하거나 조언해 주는 데에 아주 큰 도움이 되고 있습니다. 상담 기술은 군대 내에서뿐만 아니라 가정에서 부인, 자녀, 형제들과의 소통이나, 사회적으로 관계를 맺는 낯선 사람들과의 원활한 의사소통에도 많은 도움이 되죠. 앞으로 평생 공부하고 싶은 분야예요.

Question 장교 정년퇴직 이후 군 교수로 후배들을 가르치게 된 계기는 무엇인가요?

현역 복무 당시 과학화 전투 훈련단 창설 과정에 깊이 관여하면서 과학화 전투 훈련단의 중요성과 발전 가능성이 크다고 생각했습니다. 과학화 전투 훈련은 첨단 과학 기술을 활용해 실제 전투와 가장 유사하게 전장환경을 조성하여 실제 전장에 있는 것처럼 훈련을 할 수 있는 체계에요. 전투력을 강화하기 위해서는 경험이 무척 중요하지만 전투 경험을 쌓는다는 것은 매우 제한될 수밖에 없고, 경우에 따라 심각한 부상이나 목숨을 잃을 수도 있기 때문이죠. "피를 흘리지 않고 전투를 체험한다."는 목적으로 실시하는 훈련입니다.

2005년 9월 30일 육군 중령으로 정년퇴직한 후에, 30년의 군 생활을 통하여 경험했던 모든 노하우를 후배 장병들에게 전수해주는 것이 매우 보람이 있을 것 같다는 생각이 들었어요. 마침 대대급 전투훈련을 실시하는 육군 과학화 전투 훈련단에서 2006년 1월부터 처음으로 군 교수를 채용하게 되어 지원했죠. 그 후 현재까지 11년 동안 많은 후배 장병들에게 적과 싸워 이길 수 있는 실전적 전투훈련 기법과 성공적인 군 생활 방법

잠깐! 과학화전투훈련이란?

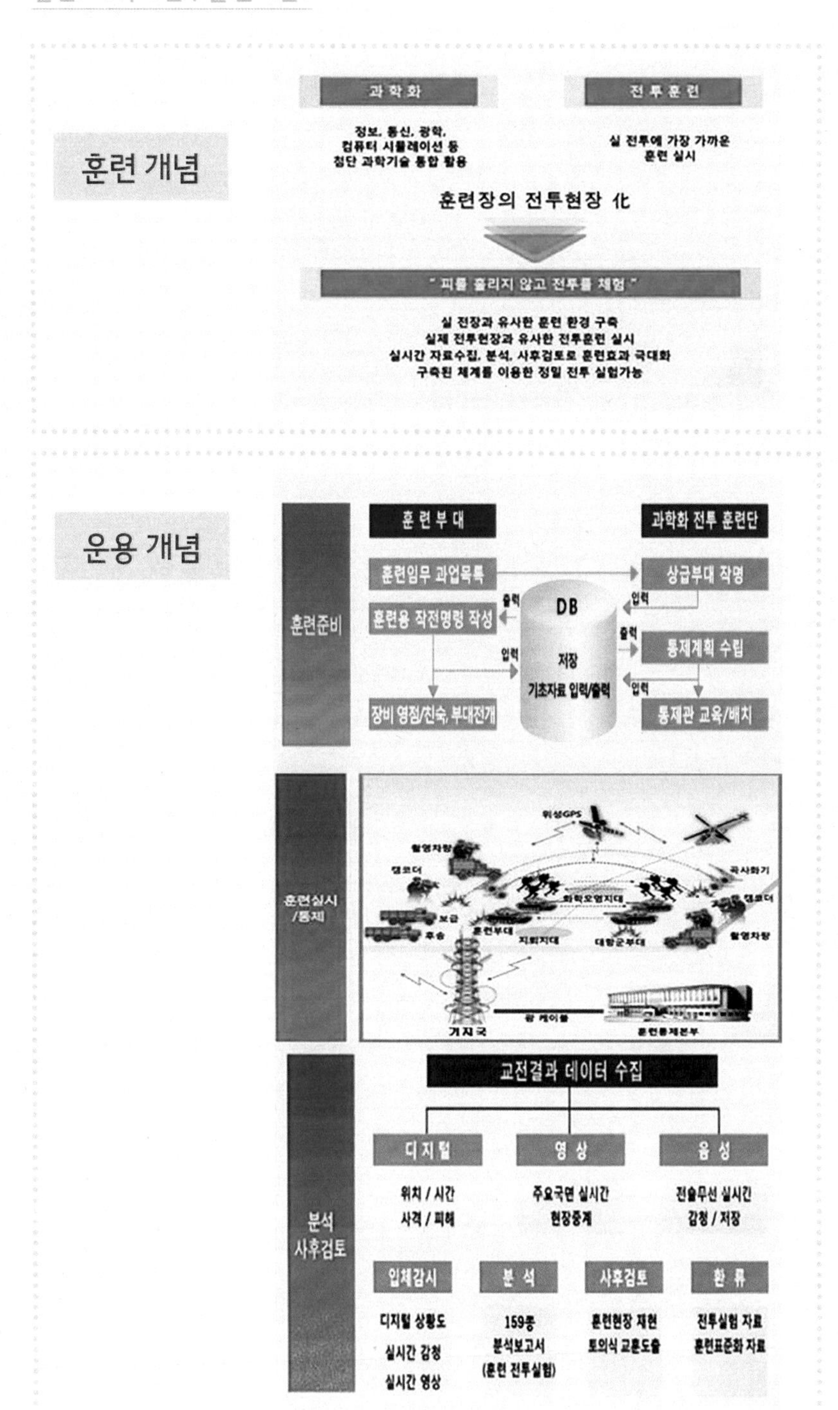

군 교수가 되려면 어떤 과정을 거쳐야 하나요?

과학화 전투 훈련단의 군 교수가 되려면 우선 과학화 전투 훈련단에서 수행하는 제반 임무와 역할을 충분히 이해하고 과학화 전투 훈련의 분야별(관찰 통제, 모의 통제, 사후 검토) 근무 경험과 임무 수행 능력을 갖춰야 해요. 특히 과학화 전투훈련단에서 연 2회 실시하는 3개의 분야별 자격심사에 합격하여 자격증을 구비해야 됩니다. 20년 이상(예비역 소령에서 대령)의 현역 근무경험자여야 하고요. 이러한 자격요건이 갖추어지면 서류 심사, 시험, 면접 등의 절차에 따라 선발하게 됩니다.

Question

현재, 예비역 군 교수로서 하시는 일을 소개해주세요.

저는 후배 장교들에게 혹독하고 냉엄한 전장에서 싸워 이길 수 있도록 실전과 같은 전투훈련 속에서 승리하기 위한 전투 수행 방법과 전투기술을 숙달시키는 교육을 하고 있습니다. 각종 전장 마찰과 공포를 효율적으로 극복할 수 있도록 자상한 조언도 하죠. 군의 대선배로서 후배들이 강인하면서도 인간적이고 따뜻한 시선으로 싸워 이길 수 있는 전장 리더십을 기를 수 있도록 세심한 지도와 조언을 해주고 있습니다.

보다 더 구체적으로 설명하자면, 대대급 부대의 전투훈련을 실시할 때 대대의 상급부대인 연대 지휘조의 선임 관찰 통제관으로서, 연대의 지휘관과 참모들의 전시 임무수행 절차를 세세하게 지도하고 조언을 해주고 있어요. 또한, 훈련부대를 관찰 통제하는 과학화 전투 훈련단의 현역 장교들에게도 각각의 직책에 부합된 임무 수행 절차를 세세하게 지도 및 조언을 해주고 있으며 각종 상담을 통하여 보다 더 재미있고 즐거운 군 장교 생활이 되도록 기여하고 있습니다.

Question 군 교수를 하시면서 느끼셨던 어렵거나 힘들었던 점이 있나요?

과학화 전투 훈련단의 군 교수 임무를 수행하면서 가장 어려운 점은 선배 장교로서 후배들에게 모범을 보이기 위하여 항상 솔선수범하고, 모든 언행을 자제해야 한다는 것이죠. 나이가 많다 보니 젊은 후배들에게 체력적으로 많이 뒤처진다는 점도 있습니다. 보고싶은 가족과 떨어져 강원도 인제 지역에서 혼자 생활하는 점도 고충일 수 있겠네요.

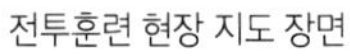

전투훈련 현장 지도 장면

군 교수 활동 중 장교들과 함께

Question 직업 군인으로 장교를 꿈꾸는 청소년들에게 한 말씀해 주세요.

여러분의 장래 희망이 직업 장교인가요? 그렇다면 먼저 국가와 국민을 위해 목숨을 바쳐 충성할 각오가 필요합니다. 힘겹게 의무 복무기간동안 군대 생활을 하는 병사들의 고통을 함께할 마음의 준비도 갖추어야 해요. 또한 장교로서 명예로운 행동을 하고, 그 행동에 책임을 지며, 힘든 전쟁에서 싸워 이길 수 있는 군센 의지를 가져야 하죠. 장교는 매사에 솔선수범해야하며 부하 장병들을 효율적으로 지휘 통솔해야 하고 그 결과에 승복하고 책임질 줄 알아야 합니다. 마지막으로 강인한 체력과 정신력을 갖추고 인화 단결시킬 수 있는 품성을 갖추도록 노력한다면 모든 장병들과 국민들로부터 존경과 신뢰를 한 몸에 받는 훌륭한 장교가 될 수 있을 거예요.

저는 육군사관학교를 졸업한 뒤 소위로 임관하여 14년간 10여 곳의 부대에서 장교 생활을 하였고, 또 다른 꿈을 이루기 위해 군 복무를 마친 뒤 일반사회로 나와 대기업의 과장으로 직장 생활을 하다가 현재는 개인 사업을 하고 있는 사업가입니다.

육군 장교생활은 제 인생의 많은 비중을 차지하고 있으며, 현재 이끌고 있는 사업체 대표로서의 생활에도 큰 영향을 끼치고 있습니다.

육군사관학교의 사관생도 생활을 성실하게 마치고 육군 장교, 대기업 과장, 개인 사업가라는 변화무쌍한 인생을 걸으며 지금도 이루고 싶은 꿈을 향해 스스로 도전을 선택하며 하루하루 활기차고 즐겁게 살기 위해 노력하고 있는 육군 장교 출신 IBC GROUP 대표 이건호입니다.

IBC GROUP 대표

이건호

- 현) IBC GROUP 대표
- 육군 소령으로 전역
- Hawaii Pacific University 석사
- 육군사관학교 졸업 및 소위 임관

직업군인의 스케줄

이건호
육군장교 시절의
하루

21:00 ~ 23:00
▶ 휴식, 자기계발 활동
23:00 ~ 06:00
▶ 수면

06:00 ~ 06:30
▶ 아침 점호 및 운동
06:30 ~ 07:00
▶ 아침 식사

07:00 ~ 08:00
▶ 하루일과 준비
08:00 ~ 09:00
▶ 훈련에 관한 오전 회의

08:00 ~ 12:00
▶ 훈련준비 및 훈련지휘
(부대마다 업무가 다름)
12:00 ~ 13:00
▶ 점심 식사 및 휴식

13:00 ~ 18:00
▶ 훈련 준비 및 훈련 지휘
(부대마다 업무가 다름)

18:00 ~ 19:00
▶ 저녁 식사
19:00 ~ 21:00
▶ 부하 면담,
다음 훈련 준비

평범함 속에서 나를 찾다

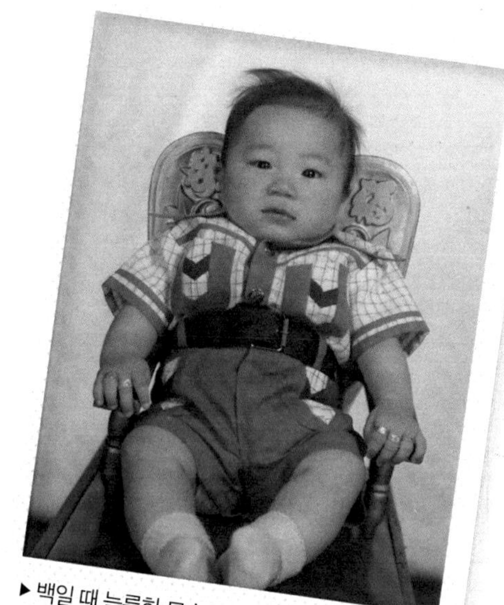

▶ 백일 때 늠름한 모습

▶ 어릴적 누나와 함께

▶ 군인을 꿈꾸던 고등학교시절

초등학교 시절에는 어떤 학생이었나요?

키가 작아서 항상 맨 앞자리에 앉았던 기억이 나네요. 성격도 너무 활발하지도 너무 얌전하지도 않은 딱 중간 성향의 학생이었죠. 성적이 조금 좋았다는 점을 빼면 눈에 띄지 않았을지도 모를 그런 학생이었습니다. 선생님 말씀을 잘 듣고 친구들과 잘 어울리며 줄곧 반장을 맡았어요. 학습에 대한 탐구욕이 높아 초등학교 고학년부터 '아이작 아시모프(Isaac Asimov)'라는 과학자의 저서와 각종 추리 소설 등을 즐겨 읽곤 했는데각종 과학 실험을 통해 새로운 지식을 직접 확인하는 게 참 흥미롭더라고요. 말하기랑 글쓰기도 좋아했어요. 내가 얻은 지식을 말과 글을 통해 다른 친구들에게 전달하는 것을 좋아하고 즐겼습니다. 과학과 글쓰기는 왠지 상반된 느낌이기는 한데 두 분야에 모두 관심이 많았던 반면 체육과 음악, 미술 등 예체능 과목은 크게 흥미를 느끼지 못했죠.

Question

청소년 시기를 어떻게 보냈는지도 궁금해요.

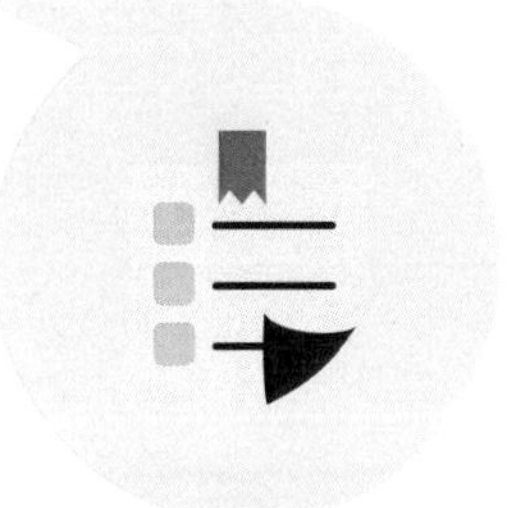

지금은 대부분 남녀공학이지만 제가 학교 다닐 때에는 여자중학교와 남자중학교가 나누어져 있었어요. 저는 남자중학교를 거쳐 남자고등학교를 다녔었는데, 남학생 사이에서는 체육을 좋아하고 잘하는 것이 성적이 우수한 것만큼 중요했죠. 저는 체육을 썩 잘하거나 좋아하지 않아, 교우관계가 원만하고 평범한 학생이었습니다.

학업에는 흥미를 많이 잃었습니다. 학기 초 때만 해도 중학교에 입학하자마자 치르는 반 배치고사에서 아주 좋은 성적이 나와서 선생님과 부모님의 기대를 한 몸에 받았었죠. 그런데 발표와 토론이 있었던 초등학교 수업과는 달리 주입식 강의가 주를 이루었던 중학교 수업에 적응하기가 힘들었어요. 공부는 스스로 하는 것이기 때문에 수업 방식에 영향을 받는 것이 아니라고 해도, 그때는 사춘기여서 더욱 그랬는지 수업 시간이 그다지 재미가 없었습니다. 그런대로 상위권 성적을 유지하기는 했지만, 아주 우수하지는 못했죠.

Question 학창 시절 어떤 직업을 꿈꿨나요?

장래희망은 수시로 바뀌었는데, 지금 돌이켜 보니 그게 자연스러운 현상이었던 것 같아요. 중고등학생 나잇대에는 경험의 한계가 있잖아요. 아무리 인터넷 등을 통해 다양한 직업을 알아본다고 해도 내 적성과 역량, 강점, 숨겨진 재능 등을 다 모르는 상태에서 한 가지 꿈을 정하고 선택하기가 어려운 시기이지요. 하지만 꿈에 대한 큰 틀은 가지고 있었습니다. 누군가에게 내가 알고 있는 지식을 전달하고 가르쳐 준다는 것에 흥미를 느낀다는 것을 알고 있었고, 그래서 막연하게 선생님이나 기자가 되고 싶다고 생각했어요.

또, 어렸을 적 저는 사촌 형과 아버지를 무척 따랐습니다. 사촌 형은 친구들과 있을 때 항상 리더 역할을 했는데, 저는 그 모습을 참 부러워했어요. 사업을 하시던 아버지가 늘 무언가에 도전하고, 결정하고, 추진하는 모습도 어린 저에게 멋져 보였죠. 그래서 사업가라는 꿈을 꾸기도 했습니다.

용기와 정의에 대한 동경으로 걷게 된 장교의 길

▶ 사관학교 예복을 입고

▶ 사관학교 시절

▶ 공수 낙하산 훈련 중에

군인이라는 길을 선택하게 된 계기가 무엇인지 궁금해요

군인이 가지고 있는 특징들, 예를 들어서 강함, 절제됨, 용기 등에 대해 긍정적인 이미지를 가지고 있었어요. 하지만 나의 직업으로는 생각해 보지 않았었죠. 그러던 중에 고등학교 3학년 때 학교로 신입생 모집 홍보를 나온 공군 사관학교 생도들을 만날 수 있었습니다. 그 생도들과 이야기를 나누며 사관학교에 대해 알게 되었고, 당시 대학생이었던 누나를 통해 사관학교와 사관생도에 대한 자료를 찾아보았어요. 육체적, 정신적으로 강한 사람이 될 수 있다는 점과 수많은 부하를 이끄는 리더가 될 수 있다는 점, 나라를 위해 큰일을 할 수 있다는 자부심 등에 매력을 느끼고 군인이 되기 위한 길을 선택했습니다.

직업관을 형성하는데 영향을 준 책이나 영화가 있나요?

학창 시절 '어 퓨 굿맨(A Few Good Men)'이라는 영화를 우연히 보게 되었습니다. 주인공이었던 톰 크루즈가 연기한 해군 중위 법무관이 너무나 멋있어 보였지요. 정의를 지키기 위해 지성을 이용해서 용기를 내보인 주인공의 모습을 보고, 마음 한 켠에 정의를 지키며 약자를 돕는 용기를 가진 사람들에 대한 동경을 품게 되었습니다.

육군사관학교에 입학하는 과정이 어렵지는 않았나요?

지금이야 웃으며 추억할 수 있지만, 사관학교 입학을 준비하던 당시에는 많은 어려움과 걱정이 있었습니다. 육군사관학교의 경우, 졸업과 동시에 수십 명의 부하들 목숨을 책임져야 하는 장교로 임관하기 때문에 리더십을 비롯한 많은 능력을 강조합니다. 군인이란 전쟁이 났을 때, 내가 한 번도 만나보지 못한 사람인 국민들을 위해 망설임 없이 목숨을 바쳐 희생할 수 있는 존재라고 배웁니다. 장교들은 그러한 군인정신을 항상 가지고 있는 존재이기에 장교가 되는 교육기관인 사관학교에 입학하기 위해서는 지적인 면과 정신적인 면, 육체적인 면에서 높은 평가 기준을 통과해야 해요.

일단 내신 성적, 사관학교 자체 필기시험, 수학능력시험 등의 기본적인 성적도 매우 높은 수준을 요구합니다. 다양한 분야의 첨단 군사기술과 전략 및 전술을 익히기 위해서는 상당히 높은 수준의 학습능력이 필요하기 때문입니다.

아울러 인성과 리더십, 협동 정신, 책임감, 인내심 등 정신적인 부분에 대한 평가 기준이 아주 높습니다. 1박 2일간의 심층 면접을 통해 소수의 인원만 선발할 정도로 까다로운 평가가 이루어지는데요. 육군 장교가 되면 훈련과 전투라는 극한 상황에서 부하들의 생사는 물론 국민과 국가의 존망을 책임져야 하기 때문에, 용기와 책임감, 리더십은 기본 중의 기본으로 평가를 받게 되죠.

또한 육체적 역량인 체력과 건강 상태에 대해서도 까다로운 기준을 통과해야 합니다. 육사 생도의 체력 평가 기준은 일반적인 군인(병사 계급)의 체력평가 최고 기준이 육사 생도에게는 최저 기준으로 적용될 만큼 높은 기준을 가지고 있지요.

사관학교에서는 주로 무엇을 배우나요?

생도 시절 유도 동아리 활동 중에

사관학교도 대학교이기 때문에 일반 대학교처럼 자신의 전공을 정해서 수업을 받게 되는 것은 같습니다. 하지만 다양한 분야의 역량을 키우기 위해 선택과목보다 공통이수과목이 상당히 많은 편입니다. 일반 대학교보다 이수해야 할 학점도 훨씬 높지요. 군사학 수업, 군사 훈련은 물론 내무 생활과 각종 특별 교육을 통한 군인 정신 함양, 각종 무도 수업과 체육 수업까지 매우 다양한 것을 배웁니다. 사관학교는 일반 대학교 생활과 군대 생활을 합쳐 놓았다고 보아도 됩니다.

사관학교는 대한민국 고급 장교를 육성한다는 명목하에 사관생도들은 다양하고 어려운 시험과 평가 과정을 거치게 됩니다. 육군사관학교 4년 과정을 거치면, 지적 능력은 물론 체력과 정신력 등에서 최고의 수준에 오를 수 있다고 자신할 수 있을 정도로 수준 높은 교육과정이 이루어진다고 볼 수 있죠.

대한민국 군대는 어떤 곳인가요?

우리나라 대부분의 남자들이 군대를 경험합니다. 하지만 그들 중 절대다수가 병사 계급으로 군 생활을 마무리하게 되지요. 그러다 보니, 병사로서 담당했던 임무, 병사로서 경험했던 군대만을 가지고 전체 군대의 모습을 평가하는 경우가 많습니다.

하지만 대한민국 군대는 50만 명이 넘는 전문 인력과 각종 첨단 장비와 기술력이 총합된 전문 기관입니다. 우리나라 최대 규모의 기업보다 그 인력과 예산이 훨씬 많죠. 그만큼 군대는 그 자체로 작은 사회를 이루고 있어요. 우리가 흔히 생각하는 총을 들고 전진하는 전투 군인 외에도, 조종사, 전투함 및 잠수함 승조원, 특수 부대, 정보 요원, 군복 입은 외교관인 무관, 법무관, 군의관, 교수, 수사 요원 등 사회 속 웬만한 직업들을 다 택할 수 있다고 봐도 무방합니다.

군인이 갖추어야 할 중요한 요소는 무엇인가요?

군인, 특히 장교는 전쟁터라는 극한의 상황에서 올바른 판단을 내리고 부하들을 이끌 수 있어야 합니다. 수많은 사람의 목숨을 책임져야 하는 일이기에 장교들에게는 매우 높은 수준의 능력이 필요합니다. 기본적으로는 당연히 높은 수준의 군사학 지식을 갖춰야 하며, 강인한 체력 또한 필수죠. 어떠한 두려움에도 굴복하지 않는 용기와 정신적, 육체적 고통을 이겨낼 수 있는 인내심도 필요합니다. 더불어 부하들이 진심으로 믿고 따를 수 있는 장교가 되기 위해서는 정직함과 솔선수범 등의 자세도 반드시 갖추어야 할 요소예요.

육군의 역할과 임무는 무엇인가요?

흔히 군인의 임무가 전쟁에서 싸워 이기는 것뿐이라고 생각하는 경우가 많아요. 틀린 말은 아니지만, 첫 번째 군인의 임무는 강력한 힘을 바탕으로 전쟁이 일어나지 않도록 예방하는 것이고, 두 번째는 만에 하나 전쟁이 일어났을 때 반드시 이겨서 국가와 국민의 생명과 재산을 지키는 것입니다. 육군은 지상전을 담당하여, 평소 육지에서의 경계임무, 훈련, 전투준비 등을 주 임무로 하고 있어요.

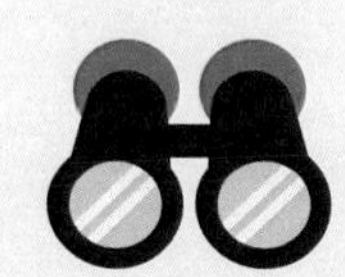

요즘에는 기술력의 발달로, 육군과 해군, 공군이 별도로 작전을 하는 게 아니라 함께 작전을 세우고 훈련을 하고 실제 전투를 준비합니다. 하지만, 사람들이 평소 살아가는 터전이 주로 육지이기 때문에, 전쟁을 억제하고 전쟁이 났을 때 직접 적과 싸우는 주 임무는 육군이 많이 담당을 하고 있죠.

훌륭한 장교가 되기 위해서는 어떤 노력이 필요한가요?

장교로 생활하기 위해서는 군사적 학식과 전투 임무 수행을 위한 체력 단련을 위해 의무적으로 지속적인 교육을 받게 됩니다. 육군사관학교를 졸업했다고 이러한 교육과 테스트가 끝나는 것이 아니죠. 계급별로 추가적인 교육을 받기 위해 교육 기관에 입소하여 군사학 학습을 받고 시험을 통과해야 하며 매년 높은 기준의 체력검정 통과를 해야 해요.

이 외에도 미군 등 다른 나라의 군대와 연합작전을 하기 위해 영어 및 제2외국어를 선택하여 교육받기도 하고, 자기 전문 분야에서 역량을 강화하기 위해 각종 자격증을 취득하거나 석사, 박사 과정에 진학해서 군사적 학식을 높이기도 합니다.

첫 발령지에서의 추억을 말씀해 주세요.

육군사관학교를 졸업한 뒤 경기도 있는 한 부대의 소대장으로 부임을 했었습니다. 당시 30여 명의 부하들을 담당하게 되었는데요, 그중 일부는 저보다 나이도 한두 살 더 많았었습니다. 그러한 부하들은 새로 온 소대장이 믿고 따를만한 장교인지 의심을 가지게 되지요. 전쟁터에서 소대장의 판단과 명령에 의해 자신들이 죽고 살 수도 있으니까요.

며칠 지나지 않아 첫 행군 훈련이 있었는데, 50km 정도의 산길을 무거운 군장을 메고 빠르게 걸어야 하는 훈련이었습니다. 다행히 육사 생도 시절 자연스럽게 키워 온 체력이 있었기에 행군 중간 중간에 있는 휴식시간에도 이리저리 돌아다니며 부하들을 챙길 수 있었어요. 절반가량 이동을 했을 때 다리를 다친 부하의 군장을 추가로 짊어지고 끝까지 걸어 부대로 복귀를 했었습니다. 그 모습을 보고 부하들이 마음을 열고 소대장을 믿고 따르기 시작했지요. 15년이 지난 지금도 그때의 부하들을 만나고 있는데요, 아직까지도 만나기만 하면 그 날의 모습을 이야기하고는 합니다.

훈련 준비 및 훈련 지휘는 어떻게 하나요?

대한민국 군대는 50만 명 이상의 인원들로 이루어져 있기에 사회 모든 부분의 기능이 다 있다고 생각하면 됩니다. 그만큼 부대별로 임무, 역할, 일과가 모두 다르지요. 그러다 보니 부대별로 훈련해야 할 내용도 다르고 준비해야 할 내용도 천차만별입니다.

하지만 군대의 임무를 크게 나눠 보면, 경계, 교육훈련, 작전, 기타 대국민 활동 등으로 구분 지어 볼 수 있습니다. 그리고 모든 활동은 '국가와 국민 수호'라는 한 가지 목적에 맞춰져 있지요. 따라서 다른 나라가 우리나라를 침략하지 못하도록 살피는 경계 임무, 전쟁이 났을 때 싸워 이길 수 있는 능력을 키우는 교육훈련 임무, 실제 전쟁을 가정하여 임무 수행 능력을 평가해 보는 작전, 그리고 수해나 재난 발생 시 복구지원 등의 임무 등을 준비하고 수행합니다. 이를 위해서는 평소에, 개인화기라고 부르는 소총 사격 훈련부터 유격 훈련, 전차나 장갑차, 자주포, 헬기 등을 조종하는 주특기 훈련, 기타 특수작전부대 훈련 등 다양한 훈련을 실시하죠.

장교들은 사전에 장교가 되기 전 교육기관에서 기본적인 모든 훈련들을 직접 다 수행해 보는 것은 물론이고, 직접 부하들을 가르치기 위한 수준에 도달하기 위해 수많은 평가를 거치게 돼요. 장교와 같은 직업 군인이 되면, 직접 부하들을 이끌고 훈련을 나가기도 하고, 내가 직접 훈련 계획을 작성하는 등의 임무를 경험하지요. 훈련은 2~3시간부터 수 주일 동안 지속되는 훈련까지 아주 다양하게 있습니다.

가장 힘들었던 훈련은 무엇이었나요?

육체적으로 가장 힘들었던 훈련은 육사 생도 기간 중 받았던 유격 훈련이었습니다. 일반적인 군인의 유격 훈련은 2박 3일에서 3박 4일 정도로 이루어지는데, 육사 생도들의 유격 훈련은 2주 동안 지속돼요. 사실 유격 훈련을 실시하기 전의 유격 훈련을 위한 훈련까지 합치면 실질적으로는 4주가량의 훈련이라고 봐도 무방하죠. 훈련 중 '내가 살아서 훈련을 받는 것과 죽는 것 중 어떤 것이 덜 힘들까?'를 항상 고민했을 정도로 극한의 경험이었습니다. 하지만, '나를 죽이지 못하는 모든 고통은 나를 강하게 만든다.', '피할 수 없는 고통은 즐겨라.'와 같은 문구를 되새기며 순간순간을 이겨냈더니 결국 성공적으로 훈련을 마치게 되더군요.

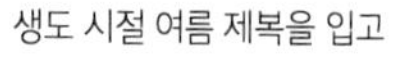
생도 시절 여름 제복을 입고

생도 시절 스위스 자유여행

유격 훈련을 마친 뒤 엄청나게 강해진 체력과 용기, 정신력은 지금까지 살아오면서 큰 도움이 되고 있습니다. 아무리 힘들고 어려운 일, 두려운 상황, 겁이 나고 지치는 때가 와도 유격 훈련을 생각하며 비교해 보면, '그때보다 덜 힘든데 뭐.' 라는 생각과 함께 다시 힘을 내게 돼요.

또한, 장교가 되어서는 모든 훈련을 나갈 때, 정신적인 스트레스가 상당히 큰 편입니다. 내가 훈련 계획을 아주 조금이라도 잘못 세우거나, 안전 대책 등에서 하나라도 실수가 있으면 바로 사고로 직결되어 부하들의 피해로 이어질 수 있기 때문에 극한의 집중력을 다해야 해요. 물론 이러한 경험을 하며 얻은 계획성과 준비 능력은 지금 사회생활을 함에 있어서도 아주 큰 바탕이 되고 있답니다.

군인도 해외로 출장을 가나요?

군인들은 크게 파병, 훈련, 출장, 교육, 임무 수행 등의 목적으로 해외로 나가게 됩니다. 육사 출신 장교들의 경우 모두가 해외 경험을 가지고 있지요. 일단 생도 기간 중 매년 해외여행의 기회가 주어지는데요, 학년별로 각기 다른 국가를 방문하여 다양한 식견을 넓히고 온답니다.

육사를 졸업한 뒤 장교로 임관을 하면, 주로 중동, 아프리카 등의 국가로 파병을 가서 현지의 치안을 담당하거나 의료 지원을 하기도 하고, 미군을 비롯한 다른 나라 군인들과 연합 훈련을 하기도 합니다. 또한 각종 세미나, 정책 토론 등을 위해 타국을 방문하는 출장도 있으며, 다른 나라의 대학원이나 군사교육 기관에서 공부를 할 기회도 주어지지요. 저도 미국의 일반 대학원에서 2년간 공부하며 석사 학위를 받았습니다. 물론 모든 경비는 국가에서 지원을 해 주지요. 또한 일부 인원이기는 하지만, 무관(군인 외교관)으로서 해외에 나가서 임무를 수행하는 인원들도 있습니다. 이처럼 직업 군인, 특히 장교가 되면 해외 출장이나 해외에서의 교육, 임무 수행 등의 경험을 해 볼 기회가 아주 많답니다.

군인을 하면서 가장 기억에 남는 일은 무엇인가요?

4년의 육군사관학교 생도 기간, 졸업 이후 14년의 장교 생활을 했기에 추억은 너무도 많죠. 그중에 가장 기억에 남는 것은 바로 GOP(General Outpost, 남방한계선 철책선에서 24시간 경계근무를 하며 적의 기습에 대비하는 소대 단위 초소)의 아침입니다. 하루 24시간, 365일, 단 일분일초도 쉬지 않고 최고 수준의 경계근무를 서는 긴장된 곳이 바로 GOP예요. 북한과 대한민국의 경계선을 지키는 아주 중요한 임무이죠.

장교로 임관 된 이후 첫 부임지에서 소대장을 하는 도중, 소속 부대가 전방 철책선인 GOP 경계를 담당하는 임무를 맡게 되었습니다. 저도 소초장(GOP 경계 임무를 담당하는 부대의 소대장을 부르는 말)으로서 일정 부분의 GOP 철책선 경계를 책임지게 되었어요. 밤새 경계 근무를 선 후 담당하는 초소들 중 가장 높은 곳에 위치한 초소에서 아침 해돋이를 보고는 했습니다. 자욱한 안개로 인해 마치 내가 구름 위에 서 있는 듯한 장관이 펼쳐지고는 했습니다. 저 멀리 내 발아래에서 야간 근무의 끝을 알리는 해가 떠오르는 것을 보면, '아 오늘 하루도 여기서부터 저기까지 대한민국의 한 부분을 내가 무사히 지켜냈구나.' 하는 뿌듯함을 느끼곤 했습니다.

그다음으로는 공동경비구역 JSA(Joint Security Area)의 일과예요. 남북한과 유엔사가 공동으로 경계를 담당하는 JSA 지역은 북한과 대한민국의 경계에 철책선조차 설치되어 있지 않은, 말 그대로 북한군과 얼굴을 맞대고 임무를 수행하는 지역입니다. 아울러 유일한 한미군의 연합 전투부대이기도 했었죠. 권총으로 무장하고 북한군과 얼굴을 맞대고 있을 때의 긴장감과 임무를 완수하겠다는 자신감은 아직도 생생하게 기억 속에 남아 있답니다.

새로운 환경에 끊임없이 도전하는 삶

▶ 장교시절 미국 출장 중에

▶ 사관학교에서의 결혼식

▶ 소령 진급 할 때 선서를 하며

군인으로 남지 않고, 다른 길을 걷게 된 이유는 무엇인가요?

여러 가지 종합적인 이유가 있지만, 제 역량의 한계에 도전해 보고 싶다는 마음이 가장 컸습니다. 육군사관학교를 졸업 한 뒤, 군대라는 정해진 환경 속에서 역량을 발휘하는 것도 보람차고 흥미로운 일이었죠. 그러나 일반 사회에서도 제 역량의 한계에 도전하고 성취를 이루어 보고 싶었습니다.

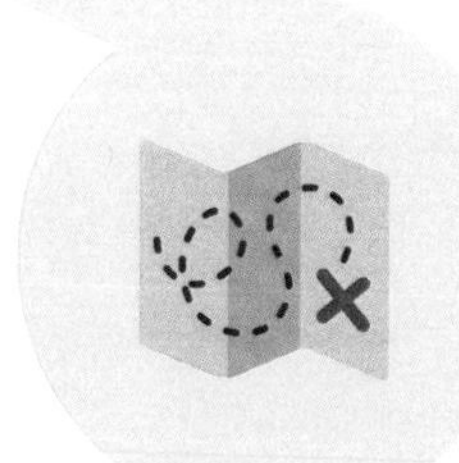

제가 잘할 수 있는 일, 좋아하는 일, 이루고 싶은 일은 살아가면서 조금씩 조금씩 계속 변하는 것 같아요. 어떤 일을 쉽게 포기하는 것은 좋지 않지만, 자신이 확고히 원하는 일이 생기면 과감하게 도전을 해 보는 것도 나쁘지 않다고 생각했죠.

군인 장교로서의 경험이 이후의 커리어에 어떤 영향을 주었나요?

현재 제가 가지고 있는 모든 장점은 군인 생활을 하며 배우고 익힌 것이라 확신해요. 지속적으로 배움을 추구하는 자세, 다른 이들의 이야기를 소중히 듣는 것, 몸과 마음을 건강하게 유지하는 생활, 극한의 스트레스를 견뎌 내는 자신만의 방법 만들기, 다른 사람들과 함께 어울려 일하고 운동하고 생활하는 방법 등, 이 모든 것을 저는 사관학교와 군대에서 배웠습니다. 기업에서 근무하며 긍정적 평가를 받은 점부터 혼자서 사업을 시작하며 어려움을 이겨내 가고 있는 현재까지 군 생활의 배움과 경험이 커다란 바탕이 되어주고 있어요.

직업군인으로서의 삶과 CEO로서의 삶의 다른 점은 무엇인가요?

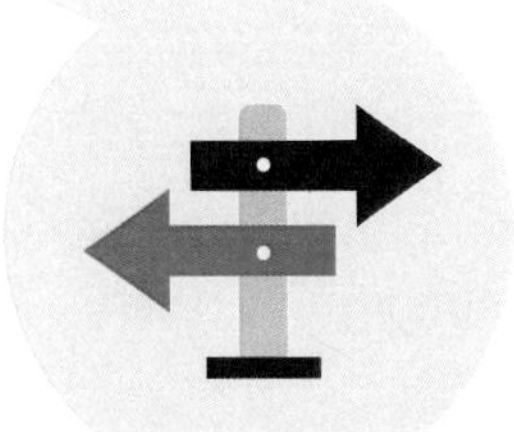

직업군인의 일을 할 때에는 해야 할 일이 확실히 정해져 있었어요. 내가 이루어야 할 목표, 달성해야 할 성과 등이 이미 정해져 있었죠. 그 안에서 열심히 하는 것이 하나의 즐거움이자 보람이었습니다.

하지만 사업가(CEO)는 모든 것을 스스로 고심하고, 결정하고, 실행해야 합니다. 때로는 주변 사람들과의 의견이 다를 때도 있고, 많은 유혹과 나태함이 다가올 때도 있는데, 그 모든 것을 혼자서 극복해 나가야 한다는 것이 다른 점이에요. 어느 쪽이 쉽다, 어느 쪽이 더 좋다기보다는 본인의 성향이 중요하다고 생각해요. 협력을 통한 일에 적합한 사람은 군인을, 개인의 창의성을 통한 일이 더 적합한 사람은 사업가를 택한다면 조금 더 즐겁게 일을 할 수 있을 것 같습니다.

이건호 대표가 생각하는 '도전'이란 무엇인가요?

목적을 달성하기 위한 가치를 창조해 가는 과정이 '도전'이라 생각합니다. 정말로 이루어 보고 싶은 꿈을 정하고, 기존에 없던 새롭고 효율적인 방법을 찾아내어 그 꿈을 이루기 위한 행동을 시작하는 것이요.

단, 꿈은 그 크기를 잴 수 없는 것 같습니다. 어떤 꿈은 큰 꿈이고, 어떤 꿈은 작은 꿈이라는 기준은 적절하지 않은 것 같아요. 다른 사람들에게 피해를 주는 일이 아니라면, 본인이 원하는 꿈이 바로 가장 크고 원대한 꿈이라 생각합니다.

직업 군인으로 장교를 꿈꾸는 청소년들에게 한 말씀해 주세요.

‘안일한 불의의 길보다 험난한 정의의 길을 택한다.’는 사관생도들처럼 군인의 길은 큰 뜻을 가지고 도전해 볼 만한 직업임이 틀림없습니다. 누구나 도전해 볼 수 있고 도전해 볼 만한 직업, 하지만 아무나 할 수는 없는 직업이 바로 군인이라고 생각합니다. 나보다 남을 먼저 배려하고 자신이 생각한 큰 뜻을 위해 많은 어려움과 위험을 극복해 볼 수 있는 용기가 있다면 군인의 길에 꼭 도전해 보기를 바랍니다. 명예로운 그 길을 걷다 보면, 정신적으로도 육체적으로도 사회적으로도 건강하게 성장하여 주위로부터 인정받고 존경받는 훌륭한 인물이 되어 있을 겁니다.

저의 이름은 허준욱(許俊旭)입니다. 저는 고향이 충주인데, 우리나라에서 유일하게 바다를 접하지 않은 충청북도에 속한 지역이죠. 중학교 수학여행 때 본 동해바다와 해안의 아름다운 모습 때문에 바다에 대한 동경이 싹트기 시작했고, 결국 해군으로서 군인의 길을 걷게 되었습니다. 해군사관학교에 입학하여 졸업과 동시에 소위로 임관하여 지금까지 약 20년간 군인의 길을 걷고 있습니다. 동향 친구와 결혼하여 3남 1녀의 자녀를 두고 있는, 한 가정의 가장이기도 합니다. 현역 해군 중령이며, 위관(尉官)장교 시절 구축함 분대장, 고속정편대 작전관과 고속정장, 상륙함 작전관을 수행했고, 영관(領官)장교가 되어서는 호위함 작전관, 구축함 부장(부함장) 임무를 수행한 후 현재 초계함의 함장으로 근무하고 있습니다.

초계함 함장 해군 중령

허준욱

- 현) 초계함 함장 해군 중령
- 호위함 작전관, 구축함 부함장 임무수행
- 구축함 분대장, 고속정편대 작전관, 고속정장, 상륙함 작전관 임무수행
- 해군사관학교 졸업 및 소위 임관

직업군인의 스케줄

허준욱
해군 중령의
하루

06:00 ~ 07:00
▸ 기상, 출근 준비

07:00 ~ 07:30
▸ 아침 식사

07:30~08:00
▸ 출근

08:00 ~ 08:30
▸ 부대 이상 유무 및 부대 일정 확인, 인원 현황 점검

08:30 ~ 08:45
▸ 오전 회의(일과계획 점검)

09:00 ~ 09:30
▸ 일과 정렬(조회)

09:30 ~ 12:00
▸ 주요 장비 및 선체 정비

12:00 ~ 13:00
▸ 점심 식사 및 휴식

13:00 ~ 15:00
▸ 전투준비를 위한 교육훈련

15:00 ~ 17:30
▸ 투체육활동

17:30 ~ 18:00
▸ 업무 결산 (다음날 업무계획 점검)

18:00 ~ 21:00
▸ 퇴근 및 저녁 식사, 개인체력단련

21:00 ~ 22:30
▸ 휴식, 여가(독서, 뉴스 시청)

22:30 ~ 23:00
▸ 취침 준비

23:00 ~ 06:00
▸ 수면

야구를 사랑했던 내성적인 어린이

▶ 캠핑 참가를 위해 대문을 나서며

▶ 현장학습, 담임선생님과 함께

▶ 안보현장(임진각)을 방문하여

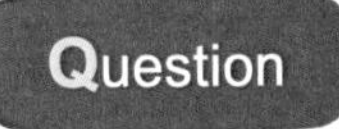

학창 시절에는 어떤 학생이었나요?

어린 시절에는 내성적이어서 부끄러움도 많이 타고 다른 사람들의 시선도 신경을 썼어요. 하지만 의욕과 의지도 강해서 학교 공부나 좋아하는 운동을 할 땐 원하는 수준에 오르기 위해 지칠 줄 모르고 덤벼들어 노력하는 어린이였습니다. 놀기도 아주 좋아했고요.

5학년 때부터는 새로 창설된 청소년 단체에 가입하여 군부대에서 열리는 호국 수련 활동에도 참가하고, 전사적지와 안보 현장도 많이 다녔어요. 그때의 청소년 단체 활동 때문인지 단체 생활 속에서 지켜야 할 규율들을 일찍 익혔고, 남북 분단의 현실과 국가 안보의 중요성 등을 또래의 보통 학생들보다 조금 더 깊이 인식했던, 조금은 애늙은이 같은 학생이지 않았나 싶어요.

그러나 사춘기였던 만큼 때로는 부모님에 대해 약간의 반항기도 있었고, 이성에 대한 호기심도 강했으며, 미래의 불확실성과 진로에 대한 깊은 고민으로 밤을 새운 적도 있는 보통의 학생이었죠.

어린 시절 특별히 흥미를 느꼈던 분야가 있나요?

제가 초등학교 3학년 때에 프로야구단이 창단되면서 야구 열풍이 불어 친구들과 야구에 푹 빠져 지내기도 했답니다. 어머니를 졸라서 간신히 얻어낸 글러브를 가지고 볼을 던지고 받으며 놀던 기억이 생생하군요. 야구 중계를 보는 것, 야구게임을 하는 것, 둘 다 재미있어했고 실력 있는 야구선수가 될 수 있다는 자신감도 넘쳤던 시기였죠. 하지만 야구선수의 꿈을 이룰 수 있는 길을 잘 알아보지도, 도전하지도 않은 것이 작은 아쉬움으로 남아 있습니다.

Question 학창 시절 장래 희망은 무엇이었나요?

고등학교 입학 후 얼마 지나지 않았을 때에는 교사가 되고 싶다는 생각을 했어요. 제가 다니던 고등학교의 선생님들이 수업도 잘 가르쳐주시고 자상하셨죠. 학생들을 위하는 마음이 참 따뜻하게 느껴졌기 때문에 나도 저런 멋진 선생님이 되어야겠다는 생각을 하게 되었습니다.

Question 군인이라는 직업을 어떻게 선택했나요?

고등학교 2학년 때 모교 출신의 사관생도 선배님들이 저희 학교에 홍보 활동을 나왔습니다. 이때 사관학교에 대해 자세한 설명을 들으면서 군인의 길을 생각하게 되었습니다. 깔끔하고 멋진 제복을 입고 늠름한 모습으로 유창하게 소개하는 멋진 모습을 보면서, 그들은 비록 사관생도였지만 '군인이 되면 정말 멋있겠구나.'라는 상상을 하면서 서서히 군인의 매력에 빠져들게 된 것 같습니다.

진정한 바다 사나이, 해군이 되다

▶ 사관생도 4학년 시절 해외 순항훈련 기간 중 수에즈운하를 통과하며 동기생과 함께

▶ 사관생도 4학년 시절 해외 순항훈련 기간 중 이탈리아 피사의 사탑을 배경으로

▶ 사관생도 2학년 시절 전북 무주군 일대 행군기간 중

해군 사관학교에서는 무엇을 배우나요?

해군 사관학교는 해군 장교를 양성하는 군 교육기관입니다. 교육 과정 역시 장교 양성에 초점을 맞추어 편성되어 있죠. 유사시 포연탄우 생사 간에 부하를 지휘할 수 있는 장교가 되기 위해서는 무엇보다 지, 덕, 체의 겸비가 요구되기에, 사관학교에서는 일반 대학처럼 전공학과별 수업과 교양학 수업도 있지만 일반 대학과는 달리 덕성 함양과 체력 증진을 위한 활동도 다양하게 실시되고 있습니다. 전공별 수업은 주로 강의실에서 이루어지고, 덕성 함양을 위한 교육은 일부 수업과 수시 초빙 강연, 생도 자치활동, 문화 활동 등을 통해서, 체력증진은 체육학 수업과 매일의 체육 활동 시간을 통해 실시합니다.

해군 사관학교에는 어떤 전공학과가 있나요?

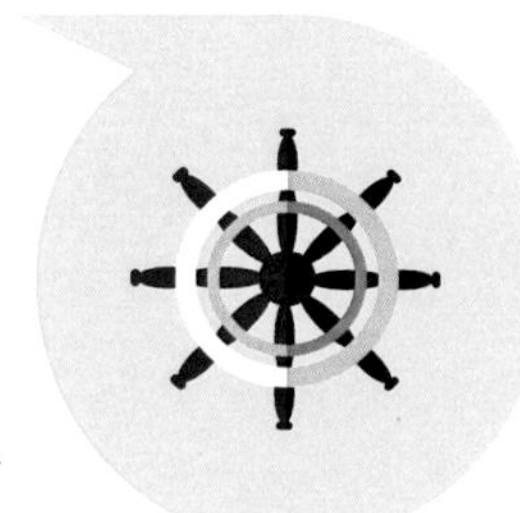

해군 사관학교의 전공은 모두 9개의 학과가 있어요. 문과는 국제관계학과, 군사전략학과, 외국어학과가 있고, 이과는 해양학과, 기계조선공학과, 전기전자공학과, 전산과학과, 무기체계공학과, 국방경영학과가 있습니다. 전공은 1학년 과정을 마치고 2학년으로 올라가기 전에 자신의 희망을 우선 고려하여 결정해요.

해군 사관학교에서 체육 활동은 어떻게 하나요?

무도를 포함한 체육 활동이 사관학교 교육 과정에서 매우 중요하게 이루어집니다. 이는 학문적 지식뿐만 아니라 강인한 체력까지 갖춘 장교, 즉 문(文)과 무(武)를 겸비한 장교를 양성하기 위함이에요. 2학년 1학기 때에는 모든 사관생도들이 태권도를 통해 극기심을 배양하고 예를 익히면서 심신을 단련해요. 모두 1단 이상의 유단자 자격을 갖추게 되죠. 이렇게 유단자가 된 후에는 자신이 희망하는 체육 동아리를 선택하여 수준 높은 운동 실력을 기르고 체력을 단련합니다. 카누, 조정, 윈드서핑, 요트 등의 해양 스포츠부터 축구, 농구, 야구, 테니스 등의 구기 스포츠, 유도와 검도 등 무도까지 다양한 체육 동아리가 있습니다.

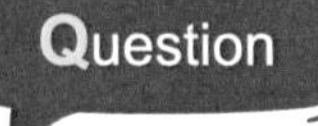

대한민국 해군의 역할은 무엇인가요?

대한민국 해군은 강력한 해군력을 보유함으로써 적의 전쟁 도발을 억제하는 전쟁억제의 역할, 필요한 시간과 해역에 대해 적의 사용을 거부하고 아군의 사용을 보장하는 해양통제의 역할, 아측 상선의 이동로를 안전하게 보호하는 해상교통로 보호의 역할을 하고 있습니다.

또한, 바다로부터 상륙군, 항공기, 유도탄, 함포 등으로 지상에 군사력을 투입하는 역할을 하며 국제 평화유지, 함정 외국방문 등 해양탐색 및 구조 활동, 어로 보호 지원, 해상 테러 및 해적 행위 차단, 해난 구조 및 해양오염 방지 활동 등 국가 대외정책 지원과 국위선양에 힘쓰는 것이 대한민국 해군의 역할이라고 할 수 있습니다.

해군사관학교를 졸업하고 소위 임관을 한 후 어떤 일을 하는지 궁금해요

4년간의 해군사관학교 과정을 마치면 본인의 적성과 희망, 군의 인력 운영 상황에 따라 병과가 결정됩니다. 해사 출신 장교들의 병과는 임관할 당시에 크게 함정, 항공, 해병으로 구분됩니다. 저의 경우는 함정병과 소위로 임관하였으며, 임관과 동시에 함정병과 장교로서의 직무를 수행하는 데에 필요한 기본교육을 약 3개월간 받고 나서 자대(함정)에 배치되었죠.

장교들은 부대에 배치될 때에 보직을 부여받습니다. 보직이란 특정한 임무가 부여된 직책을 말하는 데, 제가 소위로 임관하여 장교로서 처음 부여받은 보직은 대잠관(對潛官)이었어요. 대잠관의 임무는, 문자 그대로, 적의 잠수함을 찾아내어 격멸하는 것입니다. 이를 위해 대잠전투조직을 교육훈련시키고 관련된 장비를 최상의 상태로 유지함으로써 잠수함을 반드시 찾아내어 그것이 적이라면 공격, 격멸하는 것이지요. 대잠관 임무 외에도 부가적인 임무로, 장병 정신력 고양을 위한 정훈교육 교관, 장병 전투 체력 증진을 위한 체육 책임장교, 함의 행정업무를 총괄 수행하는 행정관으로서 업무를 수행하였습니다.

항공 또는 해병 소위로 임관하게 될 경우에도 함정병과 소위와 마찬가지로 기본 직무능력배양을 위한 일정 기간의 교육을 받게 됩니다. 특히 항공병과의 경우에는 조종특기로 선발되면 상당한 기간 동안의 조종사 양성교육을 받아야 해요. 그리고 어느 병과나 교육이 끝나면 자대에 배치되어 맡은 보직에 따라 임무를 수행하고 또 일정한 정도의 부가직무도 수행하게 되겠지요.

Question 첫 발령지에서의 추억을 말씀해 주세요.

첫 근무지는 강원도 동해시였습니다. 1996년 6월 구축함 분대장으로 발령이 나서 근무하던 곳인데, 가장 기억에 남는 것은 당시 함장님의 인품이었어요. 저와는 20년 차이가 나는 대선배님이신데, 어떠한 상황에서도 결코 성급함이나 화를 내보이시는 경우가 없이 차분하게 대처하시고 인자하게 장병들을 대해 주셨던 분으로 기억합니다. 그때 '아! 나도 나중에 꼭 저런 함장이 되어야지!'라고 다짐했죠. 그로부터 딱 20년이 지나 그때의 함장님과 똑같은 나이가 되었는데, 당시 함장님에 비하면 아직도 많이 부족하지 않은지 스스로 반성해봅니다. 전역하시고 나서 적잖은 시간이 지났는데, 지금은 어떻게 지내시는지 오늘을 계기로 연락 한 번 드려야겠습니다.

Question 처음 맡게 되었을 때 가장 설레었던 업무는 무엇인가요?

무엇보다도 제 보직에 따른 기본 임무라고 할 수 있는 대잠수함전투(대잠전) 준비 관련 업무죠. 수상함에게 가장 위협이 되는 존재는 눈에 보이지 않는 적 잠수함입니다. 위협도가 높은, 그러나 찾아내기는 힘든 적의 잠수함을 찾아 격멸한다는 것은 생각만 해도 전율이 돋는 멋진 일 아닙니까? 비록 장교로서의 경험은 부족하지만, 구축함의 대잠관으로서 제 역할을 다하고자 전술 그리고 장비운용에 관한 자료들을 뒤져가며 공부하고 토의하고 훈련하며 지냈던 것은 그때나 지금이나 저에겐 아주 흥미 있고 가슴 설레었던 추억으로 남아있답니다.

그중 가장 힘든 업무는 무엇이었나요?

대잠관 외 임무 중 정훈교육교관, 체육장교의 역할은 재미가 있었습니다만, 행정관 역할은 조금 힘들게 느껴졌던 기억이 나요. 행정은 그 업무 분야가 매우 넓습니다. 타 부대 혹은 기관으로부터 수신된 문서의 수령, 배분, 생산문서의 대외발송, 인원에 대한 보직, 포상과 징벌, 장병의 근무평정 등 고과처리, 장병 휴가계획의 수립과 집행, 제반 상부 지시사항의 처리 등에 이르기까지, 분야의 폭도 넓지만 행정업무에 관한 전문성이 요구되는 직책이라는 생각이 들었어요. 그러나 이에 관한 경험이 거의 없다 보니(소위 계급을 단지 몇 개월 되지도 않았으니 경험이 없는 것은 당연한 것이겠죠?) 업무 하나하나를 할 때마다 속도가 아주 더딜 수밖에 없었죠. 사실 행정관 아래에 행정장이라고 하는 행정 분야 전문부사관이 있어서 그가 실무를 처리하였기에 행정관은 행정장 업무수행에 대한 확인만 하면 되는데, 훗날 생각해 보니 당시에는 제가 너무 큰 업무 부담을 가져 지나치게 신경을 써 힘이 들었단 생각이 드네요.

여기서 한 가지 말씀드리자면, 어느 조직이건 누군가 충분한 교육 훈련이 되지 않은 상태에서 그에게 무리한 역할수행을 요구하지는 않는답니다. 그러므로 배우려는 의지와 하려는 의지만 있다면 조직 내에서 어떠한 역할을 수행하는 것에 대해 두려워하지 않고 당당히 맞설 용기가 필요하다고 생각해요.

육군, 해군, 공군 중에 해군만의 매력은 무엇인가요?

해군의 매력은 앞서 말씀드린 '군함'에서 근무하는 것도 있지만, 해군의 창군정신 속에 담겨있는 '신사도 정신'을 꼽을 수 있습니다. 흔히 빼빼로 데이로 알고 계시는 11월 11

일이 해군 창설일이에요. 해군 초대 참모총장이신 손원일 제독께서 해군 창설일을 11월 11일에 맞춘 까닭이 '신사도 정신' 때문이랍니다. 선비를 뜻하는 한자 '士'를 세로로 풀어 쓰면 '十一', 즉 11이 됩니다. 이러한 선비(士)가 계속되는 11월 11일이 해군 창설일이 된 것이죠.

'해군은 신사여야 하고, 해군이라는 조직도 신사도로 운영되어야 한다'는 해군의 창군 정신은 해군사관학교 교훈('진리를 구하자', '허위를 버리자', '희생하자')에서도 찾아볼 수 있어요. 명예와 정의를 뜻하는 신사도 정신은 우리 해군의 자랑스러운 전통이자 앞으로도 지켜나갈 이념이죠. '국제 신사' 해군의 매력, 느껴지지 않나요?

Question 함정과 잠수함에 배치되는 기준이 있나요? 본인이 선택할 수 있나요?

장교, 부사관, 병이 모두 배치되는 함정과 달리 잠수함은 수병이 탈 수는 없습니다. 그리고 현재 대한민국 해군의 잠수함 여건상 여군의 근무도 불가합니다. 잠수함 승조를 희망하는 간부는 잠수함 승조원 모집 기간에 신청을 하고, 신체검사를 받아요. 신체검사를 통과하고 잠수함 승조원으로 선발된 인원은 잠수함 기본과정 교육을 받죠. 잠수함이 수행하는 임무와 장소의 특수성을 고려하면, 잠수함 승조원 개개인은 완벽한 임무수행 능력을 갖추어야 합니다. 잠수함에 배치되기 위해서는 먼저 오랜 기간 잠수함 기본과정 교육을 받고, 잠수함 승조원 자격부여제도(SQS: Submarine Qualification System)를 통해 자격을 획득해야 해요. SQS 평가는 총 4단계에 걸쳐 실시되며, 자신이 담당하게 될 장비에 대한 선분적인 이해와 비상시 사고처치법 등 잠수함 안전 운용에 관한 내용으로 이루어져 있습니다.

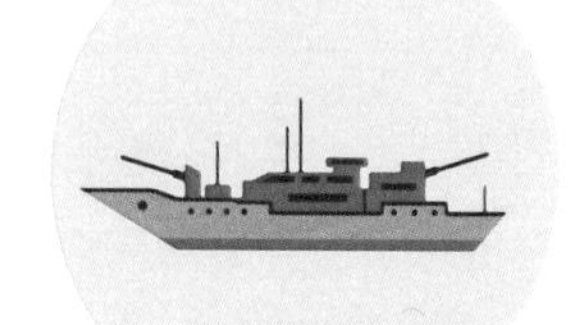

정찰을 나갈 때 바다의 경계를 어떻게 알 수 있나요?

내비게이션으로 운전하는 것과 비슷해요. 위성과 GPS 신호를 통해 파악한 함정의 현 위치가 전자해도 상에 전시됩니다. 전자해도에는 미리 입력해놓은 항로 및 경계선이 위치와 함께 전시되기 때문에, 이를 통해 파악할 수 있지요.

Question

군인 생활을 하면서 가장 기억에 남는 일은 무엇인가요?

2015년에 개봉된 영화 '연평해전'을 보신 분이 많으리라 생각됩니다. '연평해전'의 공식명칭은 '제2연평해전'인데요, 바로 이 해전에서 저의 사관학교 동기생 윤영하 소령이 전투를 치르다 전사했습니다.

故 윤영하 소령은 2002 한일월드컵 축제가 한창이던 때에, 서해 연평도 근해에서 북방한계선(NLL)을 침범한 적 경비함정을 퇴각시키려 작전을 수행하던 중 적의 기습공격을 받아 현장에서 전사한, 우리 해군의 고속정 참수리 357호정의 지휘관이었습니다.

생도 생활 4년을 함께한 사랑하는 동기생을 갑자기 떠나보낸 것은 저희 동기생 모두에게 큰 충격이었지만, NLL을 수호하기 위해 작전 중에 장렬히 전사한 것에 대해서 저희 동기생 모두는 윤영하 동기생을 매우 자랑스러워하고 있어요. 동기생들은 매년 6월 29일이 되면 삼삼오오로 근무부대 인근의 현충원이나 기념비를 찾아 먼저 간 동기생을 추념하며, 윤 소령의 모교를 찾아 기념사업도 추진하는 등 동기생의 못다 이룬 뜻을 기리기 위해 노력하고 있지요.

Question 군인이라는 직업의 좋은 점은 무엇이라고 생각하세요?

군인은 국가와 국민을 위해 일한다는 강한 자부심이 있습니다. 또한 젊은 병사들과 함께 지내기에 언제나 20대의 기분으로 생활할 수가 있습니다. 그래서 평균의 일반인들에 비해 월등히 뛰어난 체력을 꾸준히 유지할 수가 있다는 장점이 있습니다. 또한 연봉이 매년 오르기 때문에 경제적으로 안정된 생활을 영위할 수 있습니다. 마지막으로 외국군과의 연합 훈련을 위해 외국을 방문할 수 있는 기회를 가질 수 있다는 점이 직업 군인이라는 직업의 장점인 것 같습니다.

반면, 강한 책임감은 때로 압박감으로 다가오기도 합니다. 또한 장병들 간 연령차에 따른 인식의 차이를 극복해야 합니다. 때때로 전투준비태세 유지를 위해서는 가족을 잠시 뒤로 미루어 두어야 할 때가 있습니다. 가장 큰 고민이기도 한데 진급이 되지 않으면 생각보다 일찍 전역을 해야 할 경우가 있습니다. 이러한 점은 직업 군인의 단점이라고 볼 수 있어요.

Question 전역한 군인을 위한 재사회화 프로그램이 있나요?

네, 있습니다. 전역군인을 위한 재사회화 프로그램을 군에서는 통칭하여 '전직지원교육'이라고 부릅니다. 직업전환을 지원하는 교육이라는 뜻이죠. 교육의 내용은 복무기간별로 조금씩 다른데, 예를 들어 5년 미만의 단기복무자는 전역 1년 전에 진로설계 지원 그리고 전직지원에 관한 부대별 순회교육(4시간)을 받고 전역 전이나 후에는 취업프로그램이나 취업박람회에 참가할 수 있어요. 10년 이상의 장기복무자는 전역 2년 전에 진로 설계와 진로교육을 받고 1년 전에는 전직지원 기본교육(4박 5일), 컨설팅, 연계교육, 주문식 교육 등을, 전역 전이나 후에는 보훈처가 주관하는 취업지원교육, 소자본창업교육, 대학 및 전문교육기관 위탁교육 등 취업을 위한 다양한 교육들을 지원받을 수 있죠. 복무 기간 5~10년 미만의 중기복무자 역시 복무 기간에 상응하는 교육기회를 제공하고 있습니다.

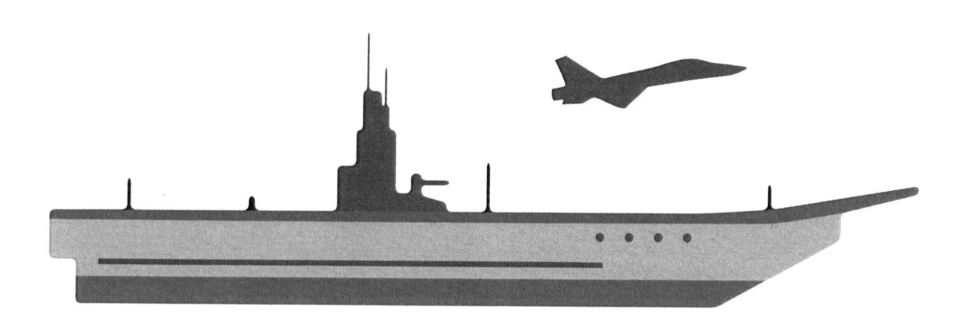

국민들의 성원은 든든한 힘

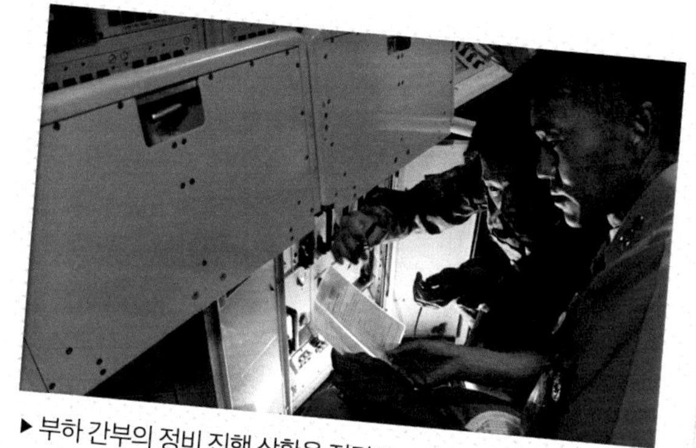
▶ 부하 간부의 정비 진행 상황을 점검하고 지도하는 모습

▶ 함상에서 실시한 소병기 사격 훈련현장을 찾아 현장지도를

▶ 타의 모범이 되는 장병들에게 함장 명의로 표창을 수여하여

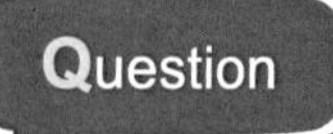

군인이 갖추어야 할 덕목은 무엇인가요?

명예, 헌신, 용기, 이 세 가지 덕목으로 말씀드리고 싶습니다.

'군인은 명예를 먹고 산다'는 표현이 있습니다. 그만큼 군인에게 있어서 명예가 중요하다는 말인데, 스스로 떳떳하며 타인에 대해 자랑스러운 마음을 가질 수 있지 않고서는 결코 군인이 될 수 없다고 생각합니다.

헌신은 국가와 국민을 위해 어떠한 역경에도 굴하지 않고 자신의 생명까지도 바쳐 반드시 임무를 완수하는 것입니다.

그리고 용기 있는 사람은 자신의 안위보다는 추구해야 할 가치 또는 타인을 위해서 두려움을 물리치고 의연하게 대처할 수 있는 사람입니다.

이 세 가지 덕목을 가슴에 품은 채 늘 노력하며 살아가는 사람만이 참 군인이라고 생각합니다.

군인으로서 가장 큰 힘을 얻는 순간은 언제인가요?

모든 국민이 하나로 뭉쳐 안보 의식을 굳건히 하고 군을 믿으며 응원을 보내 주실 때 가장 큰 보람을 느낀답니다. 군대의 강약을 결정하는 요소는 바로 사기인데, 군에 대한 국민들의 높은 신뢰와 성원이야말로 군의 사기를 돋우는 가장 좋은 방법이죠.

평상시는 물론 안보 위기 상황 속에서 하나 된 국민들의 모습은 군인들이 자신의 임무를 완수하게 하는 강한 추동력입니다. 동시에 '군 혼자가 아니며 모든 국민들이 군을 지원하고 있다.'는 인식을 군인들이 갖도록 함으로써 군의 필승 의지를 더욱 고양하게 되지요.

해군 생활을 하며 안타까웠던 일도 있나요?

많은 국민들께서 잘 알고 계시는 2010년의 천안함 피격사건과 관련된 사실인데요, 우리 대한민국의 국민들 중 적잖은 분들이 그 사건을 정부의 조작에 의한 사건이라고 잘못 알고 계셨던 것이 정말 안타까웠습니다. 당시 정부에서 합동조사단을 구성하여 외국군 전문가까지도 참여시켜 정밀 조사를 해서 북한군에 의한 어뢰 공격으로 조사 결과를 발표하였음에도, 일부 단체에서는 암초에 의한 선체 손상, 아군폭뢰에 의한 피격, 우군 잠수함에 의한 충돌 등 가능성이 없는 원인을 제기하며 의혹을 키웠습니다.

해군으로 5년 정도만 근무하면 해군의 전반을 대략 파악할 수 있는 게 저희 해군의 실정인데, 해군 복무를 하시지 않은 분들께서 많은 다른 가능성들을 말씀하시며 북한의 어뢰 공격이 원인이라는 것을 부인하는 모습을 보며 안타까움을 참 많이 느꼈습니다.

Question

군인 생활을 하면서 두려움이 생길 때가 있나요? 또, 두려움을 극복하는 방법은 무엇인지 궁금해요.

지금 이 인터뷰를 읽는 학생들이 가장 먼저 떠올리는 장면은 불길이 치솟고 총탄이 빗발치며 포성과 포연이 가득한 전투현장이 아닐까 싶습니다. 적과 아군의 수많은 장병들이 전사하고 부상을 당하고 있는 현장이겠죠? 그러한 상황을 처음 경험하게 된다면 정말 너무나도 두려울 거예요. 그런데 군인들도 평소에 그런 상황을 접할 기회는 거의 없습니다. 그러면 군인들은 유사시에 그런 두려움을 어떻게 극복하고 전투를 수행할 수 있을까 궁금해 할 것 같은데요. 저는 그 방법이 '책임감'과 '전우애'라고 말하고 싶어요. 책임감은 '여기에서 내가 싸우지 않으면 내 가족, 내 조국의 국민이 위태로워진다.'는 생각에서, 전우애는 '내가 나서서 싸워 옆의 전우를 지켜주고, 먼저 산화(散花)한 옆 전우의 원수를 갚아주겠다.'는 생각에서 비롯되는 것입니다. 전투 현장에서의 군인은 바로 이 책임감과 전우애를 바탕으로 의연한 자세를 유지하며 적과 맞설 수 있다고 생각합니다.

전투 상황이 아닌 평소의 두려움에 대해서도 궁금해할 수 있을 텐데, 물론 평소에도 두려움이 전혀 없지는 않겠지요. 포괄적으로 '걱정'으로 생각해도 되겠습니다. 그럴 때는 두려움의 실체가 무엇인지 가만히 살펴보고 그 원인을 없애기 위한 노력을 합니다. 예를 들어 매우 중요한 임무 수행을 앞두고 있는데 이를 경험한 적이 거의 없다면 아마도 많이 두렵겠죠. 그러나 일반적으로 숙달되지 않은 특정인에게 중요한 임무를 갑자기 지시하는 경우는 거의 없어요. 사전에 충분한 예고가 있기 마련이죠. 그러므로 임무를 부여받으면 임무의 목적과 목표, 수행해야 할 구체적인 과업 내용들을 구체적으로 파악하고 수행 계획을 수립하고 준비합니다. 그리고 임무수행 절차를 반복적으로 연습, 훈련하지요. 이런 방법은 우리 학생들이 중요한 시험이나 행사 등을 준비하는 것과도 다르지 않으리라 생각합니다.

군인으로서 앞으로의 목표가 있다면 무엇인지 말씀해주세요.

저는 군인은 신에 가까운 존재가 되어야 한다고 생각해요. 모든 훌륭한 덕목을 두루 갖춘, 그래서 전장에서 어떠한 어려움이 있더라도 전투를 승리로 이끌고 모든 부하들을 안전하게 철수시킬 수 있는 능력을 갖추어야만 하는 것이죠. 현실적으로 완벽한 군인은 결코 없을지도 모릅니다. 그러나 중요한 것은 완전을 향해 나아가는 것이라고 생각해요. 군인으로서의 현재의 제 목표라면 바로 이것, 즉 매일매일 노력과 성찰을 통해 참 군인이 되는 것입니다.

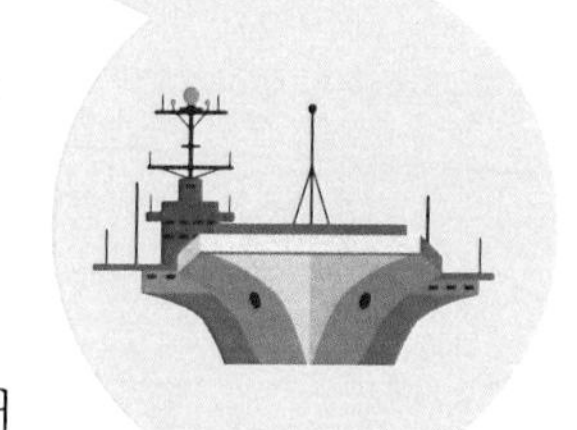

그리고 보다 현실적인 목표로는 구축함의 함장이 되는 것이에요. 해군의 함정들 중에서 가장 큰 규모로 가장 뛰어난 능력을 갖추고 있는 함이 바로 구축함인데, 이는 대령계급의 장교가 지휘합니다. 해군의 함정은 규모가 아무리 커도 함장의 계급은 장성이 아닌 대령이 맡고 있어요. 그만큼 대령이라는 계급의 의미와 역할이 큰 것이죠. 저는 사관학교 입학 전부터 대령으로서 구축함 함장이 되는 것을 꿈꾸어왔습니다. 최선을 다하여 제 꿈을 이루어 뜻을 펼치도록 노력하겠습니다.

Question 퇴직 후에는 어떤 일을 하고 싶으세요?

군 복무를 마치고 퇴직하면 사회 복지 분야에서 활동할 생각이에요. 특히 아동과 청소년을 대상으로 한 활동을 하고 싶습니다. 미래를 이끌어나가야 할 청소년들이 보다 더 밝고 건강한 사회에서 행복하게 자라 장차 그들의 역량을 잘 펼쳐나가게 되길 희망하기 때문이에요.

요즈음 매스컴에서 보도되는 우리 사회의 어두운 모습들 중 아동과 청소년에 관한 사실들을 많이 접하게 됩니다. 일차적으로 가정이 화목하고 건강해야 하겠지만 안타깝게도 그렇지 않은 가정의 청소년들에 대해서는 우리 사회가 관심을 갖고 손을 내밀어 그들을 포근히 안아주어야 하지 않을까요.

제가 학창 시절에는 교사의 꿈을 잠시 가졌었는데, 사회 복지 활동을 하면서 청소년에게 공부도 가르친다면 못다 이룬 선생님의 꿈도 이룰 수 있을 것 같아요. 물론 그 전에 제가 먼저 공부를 열심히 해야겠네요.

장병들에게 함장 지휘의도를 전달하기 위해 정신훈화를 실시 중인 모습

부부의날을 맞아 기혼 간부들에게 선물과 축하카드를 전하며 격려하고 있는 모습

자신의 꿈을 찾고 있는 청소년들에게 한 말씀해 주세요.

군인이라는 단어에서 느껴지는 이미지가 있을 거예요. 강인함, 군셈, 단호함, 확실함, 가능성, 지휘통솔 등을 떠올리겠죠? 어떤 학생들은 '나는 그런 면이 부족한데…….'라고 걱정이나 고민을 가지고 있기도 할 겁니다.

그러나 그런 걱정 때문에 꿈을 포기하진 마세요. 청소년 시기에 갖는 어떤 꿈도 마찬가지일 텐데요, 지금 여러분의 꿈은 아마도 '무엇이 되느냐'에 초점이 맞춰져 있을 거예요. 그런데 더 중요한 것은 무엇이 되어서 '어떻게 할 것인가?'라는 것이죠. 이렇게 본다면 지금의 여러분은 어느 누구라도 군인이 될 수 있을 거라고 생각합니다. 물론 부족한 부분은 다소간의 노력이 필요하죠. 예를 들어, 체력이 부족하다면 매일 매일 조금씩 뛰기도 하고 윗몸 일으키기도 한두 개씩 늘려가면서 체력을 키워가기 위한 노력 말예요.

그러니 군인이 되고 싶은 학생들은 두려워 말고 당장 오늘부터 필요한 것들을 준비해 나가면 됩니다. 그리고 더 중요한 것은, 사관생도가 된 후 또는 군인이 된 후에도 자신이 생각하는 군인상을 닮아가기 위해 노력하는 것이므로, 노력만 게을리하지 않는다면 여러분은 장차 대한민국의 호국간성으로 훌륭히 자라날 것입니다.

청소년 여러분, 어떠세요? 미래 대한민국 국군의 주역, 한 번 도전해보지 않으실래요?

저는 2015년 공군 최우수조종사 박성주 소령입니다.
어릴 적 스페이스챌린지 대회에서 모형비행기를 날리고, 영화 <
탑건>을 보면서 전투 조종사의 꿈을 키웠습니다. 사관생도 시절을 보내면서 무엇이든지 할 수 있다는 자신감을 가지게 된 것이 삶의 가장 큰 변화였습니다. 동기들과 함께했던 순간 역시 매우 소중한 기억으로 남았습니다.
공군사관학교를 졸업하고 현재는 공군 제11전투비행단 102전투비행대대에서 비행대장으로 근무 중입니다.
2002년부터 5년간 제17전투비행단 152전투비행대대 조종사로 근무했으며, 2007년부터 102전투비행대대 조종사 및 편대장의 임무를 수행하였습니다. 제가 현재 조종하고 있는 전투기 기종은 F-15K로 총 비행시간은 약 2,200시간이며, 교관 조종사로서 후배 조종사들의 비행훈련을 담당하고 있습니다.
대한민국의 하늘을 지킨다는 보람을 느끼게 해주는 전투조종사. 참 멋지지 않나요?

전투 조종사 공군 소령

박성주

- 현) 공군 제11전투비행단 전투조종사
- F-15K 전투조종사 및 편대장
- F-4 전투조종사
- 공군 사관학교 졸업 및 2001년 소위로 임관

직업군인의 스케줄

박성주
공군 소령의
하루

06:30 ~ 08:30
▸ 기상 및 식사, 출근준비

08:30 ~ 09:00
▸ 출근

09:00 ~ 09:30
▸ 아침 전체 브리핑

09:30 ~ 11:00
▸ 비행 임무 브리핑

11:00 ~ 12:00
▸ 항공기로 이동, 시동 및 항공기 점검

12:00 ~ 14:00
▸ 비행 훈련 및 전투 임무 수행

14:00 ~ 15:00
▸ 착륙 및 비행 후 항공기 점검

15:00 ~ 16:30
▸ 비행 임무 후 브리핑

16:30 ~ 18:00
▸ 다음날 비행 계획 확인 및 비행 준비, 체력 단련

18:00 ~ 19:00
▸ 저녁식사

19:00 ~ 21:00
▸ 비행 절차 및 전술 공부

21:00 ~ 23:30
▸ 퇴근 및 가족과의 시간

23:30 ~ 06:30
▸ 수면

모형 항공기를 만들며 조종사를 꿈꾸다

▶ 공군 스페이스 챌린지

▶ 2015년 최우수 조종사 선발 기념, 사랑하는 나의 애(愛)기 F-15K를 배경으로

초등학교 시절에는 어떤 학생이었나요?

저는 경북 상주시에서 태어나 그곳에서 초등학교를 다녔습니다. 초등학교 시절엔 다들 그렇겠지만 꿈이 많은 어린이였어요. 처음엔 군인이 되고 싶어 했고 이후엔 과학자가 꿈이었습니다. 특히 만들기를 좋아했었는데 초등학교 4학년 때 공군 참모총장배 모형 항공기 대회(現 공군 참모총장배 스페이스챌린지 대회) 경북지역 예선 대회에 참가하기도 했죠. 그때부터 조종사의 꿈을 키웠던 것으로 기억합니다.

Question

중학교, 고등학교 시절에는 어떤 학생이었나요?

제 입으로 이런 말 하기엔 약간 쑥스럽지만 다소 모범생 같은 스타일이었답니다. 내성적이고 차분한 성격이었지만, 관심이 있는 분야에는 굉장히 적극적으로 참여를 하던 학생이었어요. 성적도 상위권을 유지했습니다. 과학과 수학 수업을 좋아해 과학 경시대회와 수학 경시대회에 자주 출전했죠. 특히 화학에 큰 흥미가 있어 고등학교 시절 화학 경시대회에 출전하기도 했습니다. 고등학교는 기숙사가 있는 학교로 진학하게 되어 3년간 기숙사 생활을 했죠. 기숙사 생활을 하면서 학년 대표를 했고 이때부터 단체 생활과 규칙적인 생활에 익숙해 진 것 같습니다.

Question

학창 시절 장래 희망은 무엇이었나요?

군인과 과학자 사이에서 고민을 많이 했습니다. 특히 화학자에 대한 관심이 많았죠. 그러던 중 고등학교 3학년이 되던 3월에 우연히 공군사관학교 홍보 책자를 보게 되었어요. 육해·공군사관학교에서는 고등학교 3학년을 대상으로 홍보 활동을 하는데요, 그때 멋있는 사관학교 정복을 입고 정모로 눈을 살짝 가려 날카롭게 보이는 생도들이 너무 멋있어 보여 그때부터 공군사관학교에 진학을 하고 싶다고 생각을 했습니다.

학창 시절 롤모델은 누구였나요?

고등학생 시절 TV에서 방영했던 영화 '탑건(Top Gun)'을 보고 전투조종사의 꿈을 키우게 됐습니다. 영화에서 주인공은 비행 중 비상 탈출을 했는데 이때 후방석에 탄 동료를 잃게 되죠. 그 충격으로 한동안 비행을 제대로 하지 못했는데, 어느 날 적의 도발에 대응하기 위해 투입된 동료 편조가 위험에 처하자 동료들을 구하기 위해 그때의 기억을 극복하고 적진으로 진입해 동료 편조를 구해내요. 이 장면을 보면서 '나도 나의 동료, 전우들이 위험에 처하면 저렇게 멋있게 전투기를 타고 가서 구해줄 수 있는, 전우애가 충만한 조종사가 되어야겠다.'고 마음 먹었습니다.

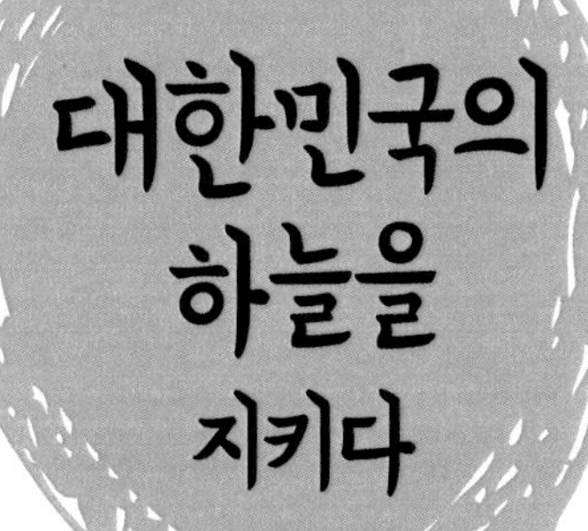

▶ 공군사관학교 입교식 날 가족과 함께

▶ 입문비행 훈련 당시 단독비행 후

▶ 전시된 F-86항공기 날개 위에서

어떻게 조종사라는 직업을 선택하게 됐나요?

고등학교 3학년 때 전투조종사를 꿈꾸며 공군사관학교로 진학을 하였습니다. 물론 공군사관학교에 입교하여 4년간 교육을 받고 공군 장교로 임관하기까지의 어려움 때문에 중간에 그만둘까 하는 고민을 한 적도 있었어요. 하지만 사관학교 교육과정을 통해 대한민국의 하늘을 지키는 것이 얼마나 중요하고 거룩한 일인지 알게 되었고 그런 멋진 일을 할 수 있다는 것이 저 스스로 너무 자랑스럽게 느껴졌습니다.

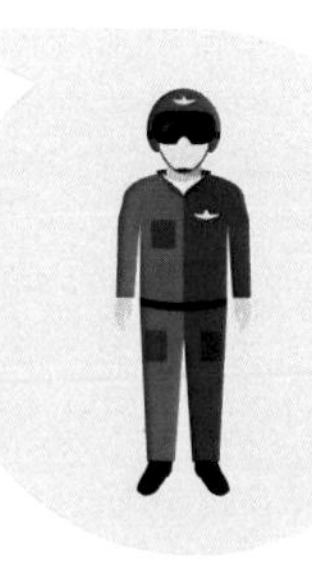

Question

어떻게 하면 전투 조종사가 될 수 있나요? 전투 조종사도 자격증이 있나요?

대한민국의 공군조종사가 되기 위해서는 공군사관학교, 학군사관후보생(ROTC), 학사사관후보생의 교육과정을 마치고 장교로 임관한 후 비행교육에 입과해야 합니다. 입문, 기본, 고등 과정으로 체계화된 비행교육에 입과하여 각 훈련 단계별로 비행과 관련된 모든 이론 교육과 비행훈련 등을 성공적으로 이수하면 대한민국 공군의 조종사가 될 수 있어요.

앞서 설명한 비행 교육을 수료한 조종사는 공군참모총장이 수여하는 비행교육수료증과 조종 휼장(Wing)을 받게 됩니다. 이는 일종의 전투기 조종면허증과 같아요. 일반 항공기 조종사는 별도의 교육과정을 거친 뒤 자격증을 수료해야 항공기를 조종할 수 있지만 공군의 경우 약 2년간 이루어지는 비행교육 과정이 국토해양부의 정식인가를 받은 교육과정이므로 비행교육 고등과정까지 수료한 공군조종사는 별도의 비행교육 과정 이수 없이 일반 항공기 조종사 시험에 응시할 자격도 얻을 수 있습니다.

사관생도 시절의 경험으로 인한 삶에 변화가 있었다면 무엇인가요?

사관생도 시절을 보내면서 가장 큰 삶의 변화는 '무엇이든지 할 수 있다.'는 자신감이 생긴 것입니다. 사관생도가 되기 위해서는 사관학교 합격 통지를 받은 이후 고등학교를 졸업도 하기 전인 1월 중순부터 약 5주간 가입교 훈련을 받아야 해요. 이 기간 동안 처음으로 가족의 품을 떠나 단체생활인 군대생활을 경험하게 되죠. 그때는 단체로 줄을 서서 발맞춰 걸어가는 것조차도 너무 새롭고 충격적인 일이었습니다. 이 가입교 훈련 기간에는 새벽에 기상해서 아침 점호를 하고 구보로 하루를 시작하는 기초 군사훈련을 받게 되는데, 이 과정 자체가 정신적으로나 육체적으로 참 힘들었어요.

하지만 훈련 기간 동안 교육해주는 선배들로부터 전해 들은 '포기하지 마', '할 수 있어', '나를 죽이지 못하는 것은 나를 강하게 만들 뿐이다.' 등의 격려의 말이 참 큰 힘이 되어 무사히 훈련 기간을 수료하게 도와주었죠. 이런 기초 군사훈련을 비롯하여 4년 동안의 다양한 경험과 각종 훈련들은 저로 하여금 '무엇이든 해낼 수 있다.'는 자신감을 갖게 해주었습니다.

사관생도 시절 가장 힘든 점은 무엇이었고, 어떻게 이겨냈는지 궁금해요

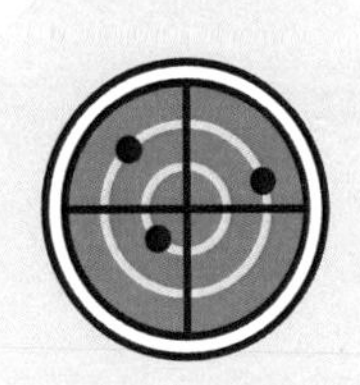

고등학생 때 입시 준비를 하면서 대학교에 가면 자유로운 생활을 할 수 있을 것이라고 상상하며 그 시간을 이겨내잖아요. 하지만 사관학교는 고등학교 시절 꿈꾸었던 캠퍼스 낭만 보다는 엄격한 규율이 있는 곳이라 처음에는 많이 힘들었습니다. 하지만 전투 조종사의 꿈을 생각하면서 마음을 다잡았어요. 또한 사관학교에서는 승마, 스포츠댄스, 패러글라

이딩, 악기 연주 등 다양한 소양 활동을 할 수 있는데, 저는 모형항공기 무선 조종, 비행 시뮬레이션 등의 활동을 하며 힘든 시간들을 버틸 수 있었습니다. 게다가 이 활동들은 저의 비행훈련에도 큰 도움이 되었죠.

반대로 가장 즐거웠던 순간은 언제였나요?

생도생활을 하면서 가장 즐겁고 기억에 남는 순간은 역시 동기들과 함께했던 순간들입니다. 특별한 이벤트보다는 함께 4년간의 생도 시절을 보낸 동기들과의 매 순간이 저에게는 소중한 기억으로 남아있어요. 언제나 함께 해주는 동기들이 있었기 때문에, 졸업을 앞둔 어린 고등학생들이 서로 도와가며 힘든 가입교 훈련을 거쳐 사관생도가 되고, 4년 동안의 각종 군사훈련과 교육과정을 무사히 마칠 수 있었지요.

행군, 공수훈련, 유격훈련 등 군사훈련을 통해 끈끈한 동기애를 키웠고 동기들의 따뜻한 응원 속에서 고된 훈련을 성공적으로 완수할 수 있었어요. 4년 동안 함께 동고동락하는데 얼마나 정이 많이 들겠습니까? 임관 한 후 많은 시간이 지났고 지금은 각자의 위치에서 임무를 수행하고 있지만, 언제 만나도 가장 반가운 사람들은 그 시절을 함께 보낸 동기들입니다.

조종사가 갖추어야 할 가장 중요한 요소는 무엇일까요?

조종사들은 보통 저마다 자신만의 '비행관'을 좌우명처럼 가지고 살아갑니다. 제가 전투조종사로 15년간 약 2,200시간 동안 비행을 하면서 가장 중요하게 생각하는 것은 '냉철한 판단력'과 '절차 준수'입니다.

공군의 조종사들은 입문, 기본, 고등 과정의 비행훈련을 받으면서 매번 비행 전 '비행 안전훈'을 제창합니다. 그중 세 번째 항목이 '나는 나의 능력을 알고 능력에 따라 비행하며 규정과 절차를 엄수한다.'예요. 항공기 조종은 공간을 뛰어넘는 상당히 복잡하고 빠른 상황의 연속이에요. 이러한 상황에서 내가 지금 무엇을 하고 있는지 또 무엇을 해야 하는지 상황 판단이 잘 안 되면 반드시 위험한 상황으로 연결되죠. 따라서 자신의 능력이 어디까지인지를 정확하고 냉철하게 판단하고 규정과 절차를 준수해야 안전한 비행이 됩니다.

그렇다면 조종사는 새로운 훈련이 부여되었을 때 어떻게 도전하나요?

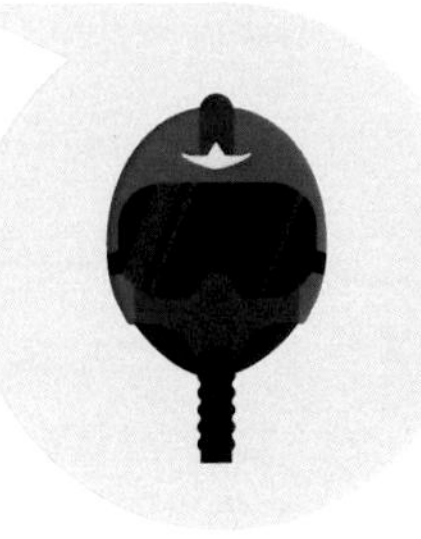

새로운 임무를 부여받으면 제일 먼저 그 임무에 관련된 규정을 찾아봅니다. 공군에서 이루어지는 모든 훈련은 규정에 명시되어 있어요. 그 규정에 명시된 훈련 절차, 방법, 안전 규칙 등 훈련에 필요한 모든 것을 확인하고 임무를 어떻게 진행할 것인지 계획하죠. 계획을 수립한 후 이전에 훈련한 비행기록 영상을 보면서 다시 한번 임무를 숙지합니다.

임무 당일에는 비행편조들과 임무 절차에 대한 토론을 한 후 모든 것들이 완벽하게 준비되었다고 판단이 되면 임무를 시작합니다.

Question 조종사가 된 이후에는 어떤 노력이 필요한가요?

조종사는 끊임없이 자신의 능력을 향상해야 해요. 끊임없는 학술적인 연구와 기동 방법을 공부함으로써 가능합니다. 이에 앞서 자신이 무엇이 부족한지를 알아야 하죠. 그 부족한 부분을 채우기 위해 전술 교범을 연구하고 끊임없이 공부한답니다. 참고로 모든 전투기는 비행 상황을 기록하는 장치가 있어요. 기록된 영상을 보면서 각각의 조종사가 마주한 특정 상황마다 어떻게 반응하여 전투기동을 하는지 익히고 자신이 무엇을 잘못 했는지 분석하여 교훈으로 삼습니다.

Question 조종사라는 직업의 좋은 점과 아쉬운 점이 궁금해요.

조종사라는 직업은 대한민국 하늘을 지킨다는 보람을 느끼게 해주는 직업이에요. 또한 하늘을 지키기 위해서는 끈끈한 전우애, 강인한 체력이 필수적으로 요구되는데, 이러한 것들을 자연스럽게 이룰 수 있다는 것이 장점이라고 할 수 있죠.

2008년 9월_ F-15K 첫 비행후
사랑하는 가족(아내 이은주와 연우,연수)과 함께

그러나 구름이 많거나 바람이 많이 불거나, 안개가 끼거나, 눈이나 비가 오는 날 비행을 해야 할 때에는 가족들의 걱정이 커집니다. 안전이 염려되어 마음을 졸이며 가족들을 기다리게 한다는 점은 모든 조종사들의 마음을 무겁게 만들기도 하죠. 또한 비상 대기 근무로 인해 주말 근무가 있는 날에는 가족들과 함께할 시간이 부족할 때가 있어요. 그렇기 때문에 가족들의 많은 이해와 배려가 필요한 직업이라고 할 수 있습니다.

군인의 최대 보람, 최우수 조종사가 되다

▶ 첫 단독비행 후 교관님과 함께

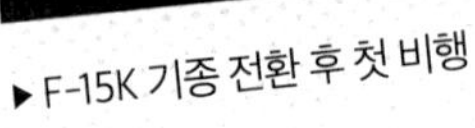

▶ F-15K 기종 전환 후 첫 비행

▶ F-15K항공기 앞에서 사랑하는 아들·딸과 함께

조종사의 하루 스케줄을 말씀해주세요.

조종사들의 비행시간은 서로 다르기 때문에 비행시간에 따라 일과가 정해집니다.

보통 비행 2시간 30분 전에 비행 브리핑을 실시하고 비행 45분 전에 항공기로 이동합니다. 비행은 대략 1시간에서 3시간 정도 이루어지며 비행 후 브리핑은 1시간에서 2시간 정도 소요되고 다음날 비행을 또 준비합니다.

비상대기가 있는 조종사들은 비상대기실로 이동하여 다음날 아침까지 비상대기 근무를 해요. 아침 비행이 있는 조종사들은 더 빨리 하루 일과가 이루어지고 야간 비행이 있는 조종사들은 일과가 야간까지 이루어지죠.

이처럼 전투조종사는 일과를 탄력적으로 운영하고 있으며, 규정상 비행 안전을 위해 12시간의 휴식을 보장하게 되어있답니다.

Question

비행하기 힘든 상황에서는 어떤 훈련을 하나요?

전투조종사라고 해서 비행 훈련만 하는 것은 아닙니다. 비행대대에서는 완벽한 비행훈련과 영공방위 임무 완수를 위해 해야 할 일들이 많답니다. 예를 들어, 효과적인 비행 훈련을 위해 규정을 지속적으로 수정, 보완하고, 비행기량 발전을 위해 각종 전술 토의를 시행하며, 더 발전된 전술을 교육하기도 합니다. 또한 사격이나 화생방 훈련 등의 기본군사훈련도 주기적으로 실시하죠.

Question 조종사를 하면서 기억에 남는 일은 무엇인가요?

저는 대한민국을 지키는 가장 높은 힘을 가진 공군의 일원이자 전투 조종사입니다. 약 15년간 군 복무를 하면서 가장 기억에 남는 순간은 군인으로서 본분에 충실했을 때예요. 특히 2015년 북한의 지뢰 도발 시 공군은 완벽한 대비 태세를 유지하고 있었습니다. 그 당시 저는 적을 타격할 수 있는 무장을 장착하고 비행을 하고 있었으며 북한이 추가적인 도발이 있을 경우 제가 가진 폭탄을 도발 원점에 떨어뜨리는 임무를 부여받은 바 있습니다. 당시 이처럼 저와 공군의 모든 대비가 국민의 생명과 재산을 보호하는 든든한 버팀목이 되었다는 것이 기억에 남네요.

Question 전투조종사로서 전문성을 높이기 위해서는 어떻게 해야 하나요?

저희와 동료들은 전투조종사로서 지피지기(知彼知己)의 자세로 비행에 임하고 있어요. 항공기의 능력과 비행 중에 항공기 결함이 발생 되었을 경우 대처 방법 등에 대해 끊임없이 공부하고 있죠.

또한 적과 싸워 이길 수 있도록 우리의 공중전투전술을 연구하고 실제 전투훈련에 적용하고 있으며, 적의 전술과 훈련양상 또한 연구하여 약점을 파악해야 합니다. 특히 저는 F-15K의 교관조종사로서 이러한 사항들을 후배 전투조종사에게 전수해 주고 있습니다.

조종사로 임무 수행을 하면서 언제 가장 큰 보람을 느끼나요?

전투조종사들은 평소 실전적인 훈련을 통해 전투능력을 향상하는 임무, 에어쇼 등을 통해 국민들에게 신뢰를 주는 임무, 실제 위기 상황에서 전쟁을 억제하는 임무 등 다양한 임무를 수행하고 있습니다. 이러한 임무가 성공적으로 이루어질 때 가장 보람을 느끼죠. 특히 2015년 최우수 조종사로 선발되었을 때 가장 큰 기쁨을 느꼈습니다. 최우수 조종사는 1년간 총 비행시간 및 주요 작전과 훈련 참가 실적 등 조종사의 모든 기량에 대해 종합적으로 평가하여 선발하기 때문이에요. 또한 2015년 북한 지뢰 도발 상황 시 주·야간 전시 출격을 통해 한반도 상공을 초계 비행(적의 공습으로부터 특정한 대상물을 보호하기 위한 비행)했을 때 군인으로서 우리 국민의 생명을 지킨다는 사명감을 느낄 수 있었습니다.

조종사 하계 생활 훈련

조종사를 꿈꾸는 청소년들에게 한 말씀해 주세요

전투조종사는 단순히 돈벌이를 위한 직업으로 생각하기엔 너무나 힘든 직업 중 하나입니다. 단순히 보수를 받고 전투기를 조종한다면 많은 것들을 포기해야 해요. 가족들과의 행복한 시간과 개인의 발전을 위한 취미 활동 같은 것들 말이죠. 하지만 군인으로서 대한민국을 지킨다는 사명감이 갖춰진다면 최고의 직업이 될 수 있습니다.

인생을 돌이켜보니 진정으로 자신이 잘하는 것과 하고 싶은 것이 무엇인지 스스로 아는 것이 참 중요해요. 자신이 하고 싶은 것을 하기 위해 어떻게 노력해야 하는지, 그리고 그 일을 해내기 위해서 어떤 공부를 해야 하는지 고민해보면 좋을 것 같습니다. 내가 하고 싶어 하는 분야에 대한 공부는 더 나은 선택을 위해 꼭 필요한 것이니까요.

저는 전라남도 광주에서 태어나 1남 5녀 중에 막내로 자랐으며 부모님과 누나들의 사랑을 받으면서 자라왔습니다. 광주교육대학교 광주 부설 초등학교 졸업, 두암중학교 졸업, 광주 제일고등학교를 졸업한 뒤 전남대학교 체육교육학교에 입학하였고, 대학교 2학년을 마치고 특전사를 지원 입대하여 특전사에서 최고의 군 생활을 꾸려나가고 있습니다. 군 생활 중에는 영광스럽게도 '특전 부사관상'과 '육탄 10용사상', '특전 용사상' 등의 표창을 수여하였으며, 각종 대회에 나가 입상한 경력으로 중사, 상사 진급을 한 번에 해온 나름 자부심을 가지고 군 생활을 하고 있는 진짜 '육군 특전사 서대영 상사'입니다.

1공수특전여단 지휘부 전속부관
육군특전사

서대영

- 현) 1공수특전여단 지휘부 전속부관
- 특수임무대 2중대 통신담당관
- 이라크 파병 활동(아르빌 VIP 경호)
- 특전부사관 163기 임관

직업군인의 스케줄

서대영
육군 특전사의
하루

05:30 ~ 06:00
▸ 기상 및 출근준비

06:00~07:30
▸ 아침 구보 및 운동(테니스), 샤워

07:30 ~ 08:30
▸ 하루 일정 확인 및 영어 회화 공부

08:30 ~ 10:30
▸ 체력 단련 (구보 및 트레이닝), 샤워

10:30 ~ 11:50
▸ 교육 훈련(주특기, 사격, 장비점검 등)

11:50 ~ 13:00
▸ 점심식사 및 휴식

13:00 ~ 16:30
▸ 교육훈련(주특기, 사격, 레펠, 상담 등)

16:30 ~ 18:00
▸ 지휘관 시간 (축구, 구보, 트레이닝)

18:00 ~ 19:00
▸ 퇴근 및 저녁식사

19:00 ~ 21:00
▸ 대학원 공부(국민대학교 정치대학원 재학 중)

21:00 ~ 23:00
▸ 가족과의 시간 및 하루의 마무리

23:00 ~ 05:30
▸ 수면

자신감과 열정 가득한 골목대장

▶ 제가 서대영 상사입니다!

▶ 제가 서대영 상사입니다!

▶ 특전사의 길을 함께 걷고 있는 아내와 함께

Question 학창시절에 어떤 학생이었나요?

초등학교 1학년 때부터 6학년 때까지 반장을 도맡아 하고, 전교 회장까지 했을 정도로 언제나 활발하고 리더십 있는 학생이었습니다. 상황을 이끌거나 통제하려는 의지와 열정이 가득했어요. 앞에 나서는 것을 좋아하는 성격이라 항상 주변에는 친구들이 많았고, 마치 영화에서 나오는 골목대장처럼 친구들을 거닐고 다니는 것을 좋아했죠. 여느 아이들과 다를 바 없이 친구들과 항상 축구를 하며 뛰어노는 것을 언제나 즐기며 살았습니다. 욕심도 있어서 뭐든 1등을 해야 했어요. 다양한 분야와 예체능에도 관심이 많아 클라리넷이나 사물놀이를 즐겨 연주하기도 하고 무엇이든 만드는 것도 좋아했죠.

중고등학교 때에도 매번 반장이나 실장을 했고, 전교 학생회장 출신으로 주변의 이목을 받곤 했어요. 흥미가 있던 수학과 과학도 꾸준히 공부했던 학생이었답니다.

Question 장래 희망은 무엇이었나요?

중학교 때부터 오랜 기간동안 무조건 체육 선생님이 되는 것이 꿈이었어요. 고등학교 때, 대학교 진학에 대해 선생님과 상담을 했을 때에도 무조건 체육 선생님이 되겠다고 이야기를 했죠. 운동을 좋아했고, 친구들에게 제가 아는 것을 가르쳐주는 것이 행복했습니다.

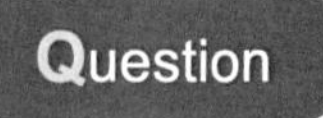

Question 학창 시절 롤 모델은 누구였나요?

중고등학교 시절 저는 임영주 체육 선생님을 저의 우상이자 롤 모델로 생각했어요. 운동도 잘하시고, 항상 학생들에게 친절하게 알려주시는 멋진 분이시죠. 선생님은 지금도 광주에 있는 한 중학교에 체육 교사로 재직하고 계신답니다. 선생님을 본받으며 체육 선생님에 대한 꿈을 더욱 크게 키워나갔어요. 체육 선생님이 되기 위해서는 공부와 운동 모두 잘 해야 하기때문에 둘 다 놓치고 싶지 않아 정말 열심히 학교생활을 했죠.

Question 그런데 어떻게 군인의 길을 선택하게 되셨나요?

오랫동안 품었던 체육 교사의 꿈을 가지고 대학에 진학할 때에도 체육교육학과를 선택했죠. 그러던 어느 날, 우연히 공항에서 특전사 군복을 입은 군인을 보았는데 순간 무엇에 홀린 듯 멍해지면서 군인의 매력에 빠지게 되었습니다. 단정한 군복과 절도 있는 자세, 열정 가득한 눈빛, 남자답고 강한 모습은 제가 평소에 동경하던 모습이었습니다.

그때부터 특전사 군인에 대해서 찾아보기 시작했어요. 군인에 대해 알면 알수록 제게 딱 맞겠다는 생각이 들었죠. 군인이 되는 것을 반대하실 부모님께는 비밀로 하고 지원 입대하였고, 입대한 후 군인으로서 목표로 했던 일들이 순조롭게 잘 풀려서 여기까지 오게 되었습니다. 부모님은 제가 군인으로 입대 후 3개월이 지나 임관하는 날, 부대에서 부모님께 연락을 드리게 되면서 모든 것을 알게 되셨지요. 부모님께는 매우 죄송한 마음이 들었지만 지금도 제 선택에는 후회가 없습니다.

Question 그때 부모님의 반응은 어떠셨는지 궁금해요.

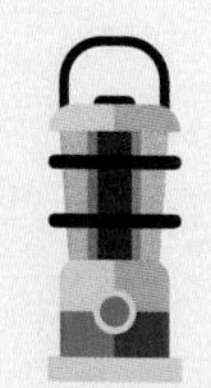

아직도 11년 전 그때의 부모님의 모습이 생생하게 생각이 나네요. 임관식 때 부모님께서 직접 양쪽 어깨에 계급장을 달아 주셨습니다. 아버지께서는 담담하게 "고생했다." 라고 짧고 강렬하게 말씀해 주셨어요. 반면 어머니께서는 통곡을 하시면서 군인의 길을 가는 저를 절대 이해 못 하셨죠. 임관식 행사가 잘 마무리된 후 바로 4박 5일 휴가를 나갔는데 그 기간 동안 아버지께서는 저에게 단 한 마디조차 말씀을 하지 않으셨고, 어머니 또한 식사만 챙겨 주시면서 생각을 바꿔보라고 하시며 걱정을 많이 하셨습니다. 부모님의 심정이 충분히 이해가 되는 부분이었습니다. 저 또한 나중에 부모님의 입장이 되어 제 아들, 딸이 이렇게 행동을 했다면 절대 이해하지 못했을 것 같아요.

이후 부모님께서는 늘 선배에게 인정받는 후배가 되고, 후배들을 잘 챙기며 사랑하는 선배가 되라고 말씀하십니다. 저 또한 부모님의 말씀을 잘 실행하기 위해 노력하고 있답니다.

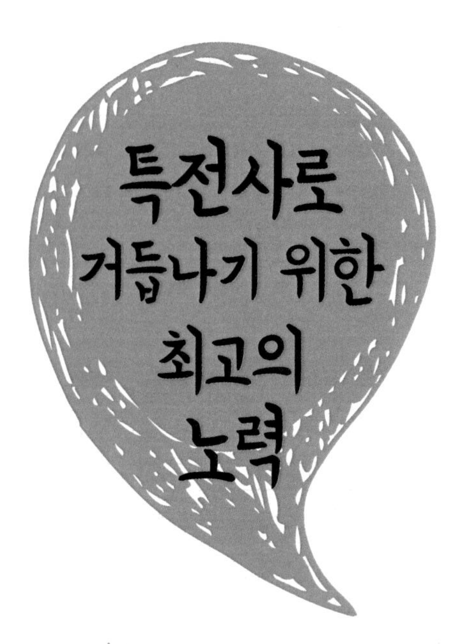

▶ 대리석 25장 격파 시범

▶ 11월 바다에서 해군 UDT 냉 적응훈련을 받으며

▶ 냉 적응훈련 합격을 하고서

Question 특수전교육단 부사관대에서는 무엇을 배우나요?

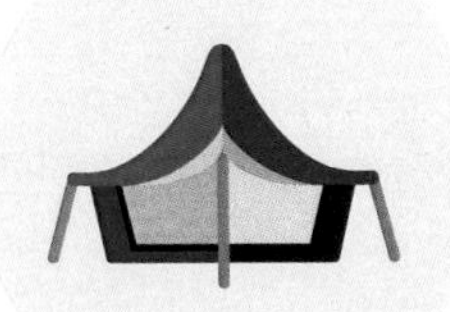

특전 부사관을 양성하는 특수전교육단 부사관대에서는 하사 임관까지 군인화 교육, 공수 교육, 신분화 교육 등을 3개월, 그리고 임관 후 주특기 교육 및 전술(천리행군), 사격 등을 3개월, 이렇게 총 6개월을 교육받은 후에 자대에 가게 됩니다. 특전 부사관으로서 갖추어야 할 자질의 모든 것을 특수전교육단에서 배양하고 있습니다.

Question 특전사가 되기 위해서는 어떤 과정을 거쳐야 하나요?

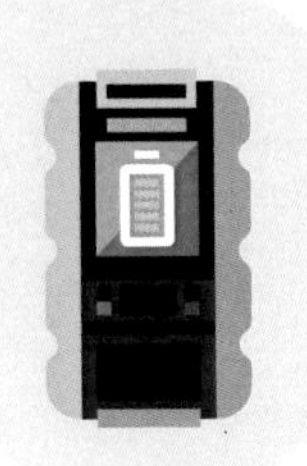

먼저 특전교육단에서 5주 동안의 신병 교육을 통해 기초 군사훈련을 받게 됩니다. 수도 없이 요구되는 자신과의 싸움 한계를 극복해가는 인내력, 절도 있는 군인상을 확립하는 제식 훈련, 강인한 체력 배양을 위한 기초 체력단련, 백발백중의 사격술, 인내력을 키워주는 행군 등 한 방울 한 방울 흘리는 이들의 값진 땀들은 앞으로 나 자신과 나라를 지키는 굳은 의지가 됩니다.

신병교육을 마친 후에는 3주 동안의 공수교육과 4회의 자격 강화 훈련을 받게 됩니다. 적진 공중침투를 위한 이 공수 교육은 체력단련을 위한 지상훈련을 기초로 합니다. 또한 공포심의 한계인 지상 11m 높이의 모형탑 훈련은 비행기 이탈 시 과감하게 뛰어내릴 수 있는 담력배양과 기능 고장 시 응급조치 능력을 갖추기 위한 지상훈련의 마지막 단계로서 목표지점에 깊숙이 침투하는 착지훈련 및 공중동작 훈련과 더불어 특전용사의 기본적 자질로 평가합니다.

이후에는 5주간의 부사관 후보생 기본 교육을 받게 됩니다. 이 과정은 인성교육과 예절교육, 유격과 전투체육, 사격 등 특전부사관으로서의 기본자질과 체력, 전장 환경에 대한 극복능력을 갖추고 교육 14주 만에 특전부사관으로서 새 출발을 하게 됩니다. 14주간의 양성교육을 마친 늠름한 특전요원들의 임관식이야말로 모든 후보생들이 가장 기다려 마지않는 시간입니다. 긴 교육과정을 통해 특전부사관으로서의 자질과 인격, 군사지식의 기본을 인정받은 후보생들은 가족과 친지들, 친구들이 축하해주는 가운데 어깨 위에 자랑스러운 하사 계급장을 달고 당당한 대한민국 부사관으로, 특전인으로 새롭게 출발하게 됩니다.

부사관 교육을 마친 특전용사들은 특전 교육단에서 11주 동안의 부사관 초급교육을 받게 됩니다. 이 특수전 초급교육은 적지 한복판에서도 교신할 수 있는 통신과정, 정해진 목표를 완벽하게 폭파하는 폭파과정, 각종 화기와 전차도 능수능란하게 조정할 수 있는 화기과정 및 의무 등 자신의 주특기 교육을 받게 됩니다.

Question 가장 기억에 남는 훈련은 무엇이었나요?

해군 특수전 교육(UDT 교육)을 받을 당시 일주일 동안 잠을 못 자고 훈련하는 '지옥주'와 일주일 동안 아무것도 먹지 못하는 '생식주'를 견뎌야 했습니다. 이 훈련은 인간으로서의 한계를 느끼게 한다는 목적을 가지고 있으며 너무나도 힘들고 치지는 훈련이었어요.

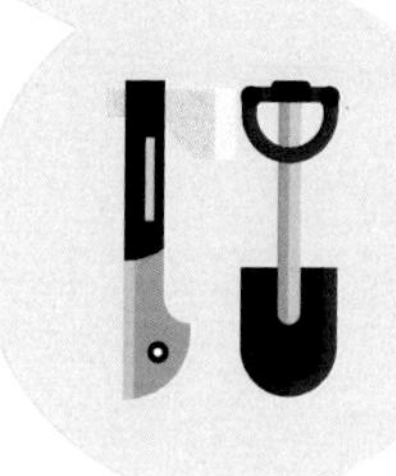

Question '지옥주'와 '생식주'는 어떤 훈련인가요?

'지옥주'는 일주일 동안 잠을 자지 않는 훈련입니다. 보트 위에서 계속 노를 젓고, 보트를 머리에 올리고, 산속을 좌에서 우로 쉬지 않고 뛰어다니고, 호스로 물을 뿌려가며 잠을 깨는 등의 훈련을 해요. 이 훈련은 저승에 끌려가서 죽음의 문턱까지 다녀온 듯 하다고 해서 '지옥주'라고 불리죠. 이 훈련을 하면서 이러다가 정말 죽을 수도 있겠다는 생각이 들기도 했습니다. 교육생들 앞에는 큰 종 하나가 설치되어 있는데 도저히 힘들어서 포기해야겠다는 생각이 들면 이 종을 치고 자연스럽게 퇴교를 하게 돼요. 다행히 저는 아무런 사고 없이 수료하여 지금 대한민국을 대표하는 든든한 특전사 군인이 되었고, 이 훈련을 이겨낸 것이 지금 생각해도 너무나 자랑스럽습니다.

'생식주'는 일주일 동안 음식을 먹지 않는 훈련입니다. 이 기간 동안 절대 식량을 주지 않아요. 작은 섬에 배를 타고 들어가 훈련을 받는데, 바닷가 주변에는 교관들이 감시하고 있어서 절대 물고기를 잡을 수 없고 나무껍질이나 칡 등을 캐 먹으며 일주일을 버텨야 살아남을 수 있죠. 도저히 참지 못하는 훈련생은 지옥주 훈련과 마찬가지로 종을 치고 자연스럽게 퇴교하게 됩니다. '생식주' 기간에 옆 동료의 살을 뜯어 먹고 싶을 정도로 배고픔의 한계를 느꼈어요. 가장 참기 힘들었던 것은 교관들이 교육생들 앞에서 돌판에 삼겹살을 구워 먹을 때였죠. 이것도 훈련의 일부였기 때문에 참고 또 참았지만 정말 너무나도 힘들었습니다.

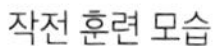
작전 훈련 모습

훈련 중 모습

훈련을 마치고 가장 보람된 순간은 언제인가요?

6개월 동안 천당과 지옥을 넘나드는 해군 특수전 교육(UDT 교육)을 받는 동안 정말 죽기 살기로 열심히 했습니다. 그 결과 훈련에서 1등으로 수료를 하게 됐어요. 군 생활을 하면서 많은 보람이 있었지만 이 훈련의 성과는 나 자신과의 싸움에서 승리를 거둔 것이기 때문에 가장 큰 보람을 느꼈죠.

Question 어떤 특수부대들이 있는지 궁금해요.

우리나라에서 특수부대라고 하면 가장 먼저 떠올리는 이름이 육군특전사입니다. 대한민국의 특수전사령부를 줄여서 특전사라고 부르는데요, 예전에는 공수부대라고 부르던 그 부대입니다.

전쟁 시 적 후방으로 침투하여 요인 암살, 주요시설 폭파 같은 게릴라전을 목적으로 탄생하였으며 산악 극복, 생존 훈련, 해상침투 훈련, 고공낙하 훈련을 주로 하고 특히 천리행군의 경우는 일반인들에게도 널리 알려진 악명 높은 훈련이지요. 병무청의 신체검사 등급 1급만 지원이 가능하며 부사관 중심 체제로 이루어져 있어요.

다음으로, 육군 특수부대를 대표하는 것이 육군특전사라면 해군 소속의 특수부대를 대표 하는 것이 UDT/SEAL(Underwater Demolition Team / Sea, Air and Land) 입니다. 한때 UDT라고 불렸으나 UDT/SEAL로 명칭이 바뀌었어요. 주로 해안 침투와 해상 장애물 제거, 해상 폭발물 제거 및 해상 대테러 임무를 담당하는 특수 부대죠. UDT/SEAL이야말로 정해진 임무가 따로 있음에도 불구하고 전천후 만능 부대를 만드는 것을 목표로 삼고 있으며 이에 따라 훈련 강도가 월등히 혹독한 것으로 유명합니다.

UDT/SEAL은 24주간의 기초체력 과정이 끝나면 맨몸 수영 3.6km 이상, 오리발 수영 7.2km 이상, 턱걸이 30개 이상, 구보 30km 이상을 해내는 능력과 수중파괴, 폭발물 처리, 특수타격, 해상 대테러 임무를 수행할 수 있는 전천후 군인을 만드는 것을 목표로 훈련 하고 있는 부대입니다. 실제 전쟁 발발 시 가장 먼저 적진에 침투하게 되는 부대로써, 말 그대로 인간병기들이라고 표현해도 좋을 것 같네요.

마지막으로, 육군이나 해군에 비해서 공군의 특수부대는 잘 알려져 있지 않은데 공군에도 특수 부대가 존재합니다. 공군 공정통제사(CCT: Combat Control Teams)라고 불리는 부대가 바로 그들인데 전쟁 발발 시 가장 먼저 적진에 침투하여 아군의 수송기가 안전하게 병력이나 물자를 수송할 수 있도록 적진의 위험 요소를 사전에 제거하는 역할을 수행하지요.

CCT는 주어진 임무의 특수성으로 인해서 이들이 받는 훈련 또한 특수할 뿐 아니라 훈련 강도 역시 매우 혹독합니다. 이들에게는 일반적인 특수부대원들에게 공통적으로 요구되는 생존능력 이외에도 항공관제 훈련, 고공강하 훈련, 스쿠버 훈련, 폭파, 통신, 야전 기상관측 등의 훈련이 추가로 진행돼요.

Question 해외로 파병을 가기도 하나요?

대한민국 국군은 2016년 10월 기준, 총 13개국에 천여 명 이상의 장병을 파견하였습니다. 가장 인원이 많은 곳은 동명부대(레바논)로 장병이 주둔 중입니다. 이외에도 한국군은 청해부대(소말리아), 한빛부대(아프리카), 아크부대(아랍에미리트) 등에서 다양한 임무를 수행하고 있어요. 아시다시피 해외로 파병을 나가는 인원들은 높은 경쟁률을 이겨낸 최정예 요원들로 선발하며 그 기준 또한 매우 까다롭죠. 지금은 파병이 없지만 저 또한 2006년도에 7개월 동안 이라크(아르빌)파병을 다녀왔는데 그 경험은 군 생활에 많은 도움이 되었습니다.

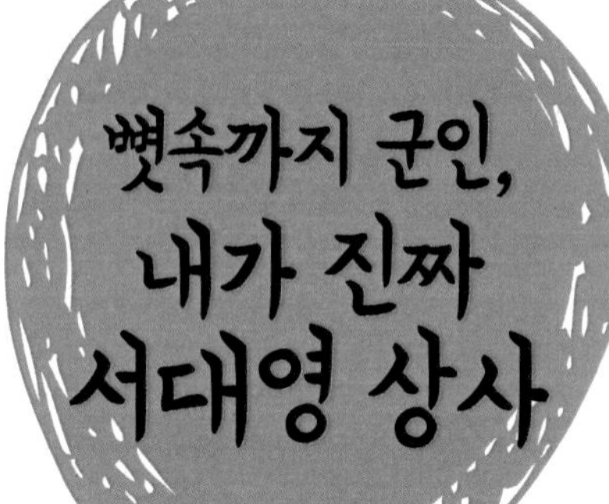

▶ 태권도 및 특공무술 시범준비

▶ 병영체험 시 레펠 시범을 보이며

▶ 사랑하는 아내와 함께

▶ 대테러 사격 훈련 시범 교육

Question

첫 발령지에서의 추억을 말씀해 주세요.

첫 자대 배치를 받고 나서 특전사로서의 군 생활이 시작되었습니다. 첫 훈련은 해상 훈련이었는데 14박 15일 동안 바닷가에서 하는 훈련이었어요. 보트를 머리에 이고 나아가 바다를 해쳐 수영을 해야 하는데, 그때 당시 저는 수영을 하나도 못했어요. 그냥 바닷가에서 허우적거리며 수영을 배우고, 뜨거운 태양 아래 속옷 자국만 하얗게 덩그러니 남고, 온몸은 까맣게 변해버렸죠. 모든 게 낯설었지만, 열심히 하려는 근성으로 달려들어 군 생활 첫해에 최고의 팀으로 선정되어 긴 휴가를 다녀오게 된 것이 기억에 남습니다. 또 하나, 전라남도 광주 출신으로 사투리를 많이 쓰다 보니 선배들에게 지적을 많이 받게 되어 어눌하게 서울말을 연습했던 것도 지금은 추억으로 남네요.

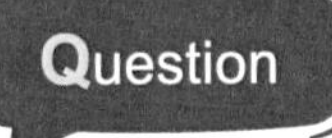

군인이 갖추어야 하는 중요한 요소는 무엇이라고 생각하세요?

먼저 인내와 끈기 그리고 강한 체력이라고 생각합니다. 자신과의 싸움에서 이겨야만 임관을 할 수 있고, 임관이라는 관문을 거쳐야 특전 부사관으로서 인정을 받을 수 있죠. 또한 나라와 국민을 사랑하고 보호하겠다는 강한 자부심과 자신감이 있어야 해요. 이러한 마음을 갖추지 못하면 군인 생활하기가 매우 어렵겠지요.

Question 군인을 하면서 가장 기억에 남는 일은 무엇인가요?

2012년 휴가 중에 사람을 살린 적이 있어요. 군대에서 자격증을 취득한 심폐소생술로 교통사고를 당해 쓰러져 있던 아주머니를 구했습니다. 그 아주머니를 보는 순간 저도 모르게 무조건 살려야겠다는 생각이 들어 과감하게 심폐소생술을 했어요. 구조대원들이 오기 전까지 계속해서 심폐소생술을 실시했고, 구조대원들에게 인계를 한 뒤 병원까지 같이 가서 아주머니의 생사를 확인한 후에 집으로 복귀를 했죠. 다행히 그 아주머니의 생명에는 지장이 없었고, 구조대원들께서 '군인 아저씨가 아니었으면 아주머니의 생명이 위험했을 것'이라며 고맙다는 인사를 했습니다. 그때 군대에서 배운 기술로 사람을 살렸다는 생각에 가장 큰 보람을 느꼈어요.

Question 군인으로서 발전하기 위해 어떤 노력을 하나요?

기본적으로 부대 업무에 집중하면서 주특기와 사격 능력을 키우게 됩니다. 특히 특전사의 경우는 보통 하루 3시간 이상 체력 단련시간을 갖습니다. 10㎞ 구보, 서킷트레이닝, 스트레칭을 매일 실시한답니다. 하루 1시간 수영을 하며 수영 능력을 갖추는 노력도 하죠. 제 경우는 대학원에서 공부를 하고 영어 공부도 틈틈이 하고 있어요. 또한, 매일 10분씩 이미지 트레이닝을 하며 명상도 하고 하루를 되돌아보는 시간을 갖습니다. 군인은 자기관리가 중요한 직업이에요. 스스로와 약속한 활동을 꾸준히 하는 것이 군인으로서 전문성을 높이는 길이라고 생각합니다.

Question 대학원 공부를 시작하게 된 이유는 무엇인가요?

대학원을 다니게 된 가장 결정적인 큰 이유는 휴가 때 강의를 들으러 갔다가 강의하는 강사님을 보고 나중에 전역을 하더라도 강사님처럼 후배 특전 부사관들에게 좋은 강의와 교육을 하고 싶다는 생각이 들어서예요.

요즘은 직업군인들에게 많은 혜택과 시간이 주어집니다. 이 시간을 어떻게 활용하느냐는 본인의 선택이에요. 남과 똑같이 행동해서는 절대 경쟁이나 전쟁에서 이길 수 없겠죠? 제가 가장 좋아하는 문구가 運鈍根(운둔근)입니다. 사람이 성공하려면 운이 있어야 하고, 그 운이 올 때까지 근성 있게 노력을 하게 되면 운이 내게 왔을 때 잡을 수 있다는 의미입니다. 저는 운이 찾아올 때까지 꾸준히 노력하고 있고, 대학원은 그 노력 중 하나예요. 개인적으로 시간이 그리 많지 않아 주말에 대학원을 다니지만, 석사 학위뿐만 아니라 박사 학위까지 취득하기 위해 꾸준히 노력하고 있습니다. 항상 노력하고 최선을 다하면 언젠가 좋은 기회가 온다고 생각해요.

Question 군인으로서 어떤 목표를 가지고 있으며, 퇴직 이후의 계획은 무엇인가요?

앞으로의 목표는 부사관의 가장 큰 직책인 육군 주임원사를 해 보는 거예요. 최고의 직책으로 임무를 완수한 후 명예롭게 전역을 하고, 이후에는 후배 양성을 위하여 봉사와 조언을 할 수 있는 군 교수로 제2의 인생을 살고 싶습니다.

봉사와 기부도 많이 하고 싶어요. 특공 무술 시범을 같이하면서 만나 현재 저와 함께 특전사의 길을 걷고 있는 아내가 있는데요, 아내를 만나면서부터 봉사와 기부에 눈을 뜨게 되었습니다. 아내도 전역을 하게 되면 지금까지 함께 해온 봉사와 기부 활동을 조금 더 집중해서 하고 싶고, 좋은 집을 짓고, 평화롭게 자유를 누리며 건강하고 행복하게 살고 싶습니다.

군인을 꿈꾸는 청소년들에게 한 말씀해 주세요.

군인은 나를 희생할 수 있어야 하며, 항상 솔선수범해야 해요. 그래야 나의 동료를 자랑스럽게 만들 수 있고, 국민과 나라를 지킬 수 있죠. 어떤 일도 쉬운 일은 없어요. 어려움을 헤쳐 나아가 목표를 성취했을 때 뿌듯함을 맛볼 것이고, 실패도 해봐야 간절함이 생겨 더욱 열심히 노력하게 될 것입니다. 군인이 되는 과정에서 실패를 경험할 수도 있겠지요. 그러나 한 번의 실패에 실망하지 말고, 계속 도전하기를 권합니다. 인생에 도전장을 던져서 모든 걸 이겨내면 여러분들도 충분히 나라를 지키는 멋진 군인이 될 수 있을 거예요.

직업군인에게 청소년들이 묻다

청소년들이 직업군인들에게
직접 물어보는 13가지 질문

사관학교, 3사관학교, ROTC, 기타 출신으로 장교가 되었을 때, 진급에 차이가 있나요?

군대에서는 4년간 체계적으로 장교를 양성하는 정규 사관학교 출신에게 장기 근무를 할 수 있도록 여건을 보장하기 때문에 사관학교 출신이 진급에 조금은 더 유리하다고 볼 수는 있습니다. 하지만 군의 진급제도는 진급 심사 위원회 및 진급 선발 위원회를 구성하여 3심제로 공정하게 차 상위 계급 진출자를 선발하므로 3사관학교 출신 및 ROTC 출신과 기타 출신의 장교로 임관했다고 해서 진급에 크게 차이가 나는 것은 아닙니다.

출신과 관계없이 투철한 국가관과 책임감을 바탕으로 주어진 임무에 최선을 다해서 열심히 근무하고, 솔선수범하며, 차 상위 계급에 부합된 품성과 작전 수행 능력을 갖추게 되면 정규 사관학교가 아닌 일반 출신 장교들도 최고의 계급인 4성 장군까지 진출할 수 있습니다. 현재 군의 최고 서열 1위인 합참의장도 3사관학교 출신의 4성 장군이 임무를 잘 수행하고 있는 것을 보면 알 수 있습니다.

군인의 월급은 얼마나 되나요?

사회의 일류 대기업이나 공기업 근무자의 월급과 비교했을 때에는 상대적으로 적은 편입니다. 하지만 같은 공무원 보수와 비교했을 때에는 군의 직급이 높은 편이어서 다소 보수가 좋은 편이라고 할 수 있겠네요. 앞으로 국가의 경제가 안정적, 지속적으로 발전한다면 군인의 보수 수준도 계속 향상되겠지요. 소망이 있다면 국가와 국민 그리고 세계의 평화 유지를 위해 헌신하고 봉사하는 숭고한 가치를 국민들이 더 높게 인정해 주어 군인에 대한 정신적인 대우가 향상되기를 바랍니다.

군인은 훈련이 많아서 연애하거나 결혼할 시간이 없다고 하던데 진짜인가요?

거의 모든 군인들이 아주 사랑스러운 배우자를 만나 가정을 이루어 살고 있는 것을 보면, 연애나 결혼할 시간이 없다는 것은 잘못된 이야기인 것 같습니다. 물론 군인들의 경우(특히 육군) 대도시를 벗어나 지내는 시기가 많고, 각종 훈련 등이 있으며, 언제 나쁜 세력이 대한민국의 안전을 위협할지 모르기 때문에 부대를 지켜야 하는 경우 등이 많습니다. 사회인들과 비교를 한다면 자유롭게 여행을 다닌다거나 밤늦게까지 놀 수 있는 시간이 적은 것은 사실입니다. 하지만 군인이기 때문에 시간이 없어서 좋아하는 사람과 사랑을 키워가고 가정을 꾸려가는 것을 못하지는 않습니다. 오히려 제복을 입고 국가와 국민을 위해 헌신하는 군인들을 멋지게 생각해 주는 사람들도 아주 많기 때문에 본인의 노력에 따라 연애와 결혼은 선택할 수 있다고 생각합니다.

군대에서는 여군에 대해 어떻게 생각하나요?

군대가 가지고 있는 강하고 남성적이라는 이미지 때문에 여성에세 적합하지 않다고 생각하는 사람들이 간혹 있습니다. 하지만 군대는 남녀를 차별적으로 보지 않고, 개인의 역량에 따라 적절한 임무를 부여하는 조직입니다. 오히려 남녀의 차별이 아닌 차이를 이해하여 적절히 그 역량을 발휘할 수 있도록 조율하는 곳이 바로 군대이지요.

예를 들면, 여성이 남성보다 평균적으로 근력의 힘이 약하다는 이유로 차별을 두는 것이 아니라 여성은 남성에 비해 감성적인 면과 공감의 능력이 우수하고, 세심한 부분을 놓치지 않는

다는 강점이 있기 때문에 그러한 역량을 활용하는 직군에 여성의 능력을 활용해서 조직의 성과를 극대화하는 곳이 바로 군대입니다.

군대는 하나의 작은 사회입니다. 다양한 직업과 직군이 존재하지요. 군대만큼 여성과 남성이 동등한 대우를 받으며 서로의 성장을 돕는 조직도 많지 않다고 생각합니다. 아울러 요즘은 특수부대원, 전투기 조종사 등 남성과 동일한 신체적, 정신적 능력을 보여주는 여군들도 많습니다. 개인의 역량만 된다면 남녀 구별 없이 임무를 맡기는 곳이 바로 군대입니다.

잠깐! 여군에 대해 알고 싶어요. 알려주세요!

Q. 우리나라의 여군 비율이 어떻게 되나요?

여군 장교의 경우 전체 군인의 7% 정도, 부사관의 경우 전체 군인의 5% 정도 됩니다. 총인원은 1만 명 정도이며, 2017년 1만천 명 정도 늘어날 것으로 전망되고 있습니다.

Q. 여군 지원자의 체력은 어느 정도여야 하나요?

육군사관학교 기준으로 말씀드리면, 오래달리기(6분 28초 이하), 윗몸일으키기(2분) 32회 이상, 팔굽혀펴기(2분) 8회 이상이 되어야 과락이 되지 않습니다.

Q. 여군의 두발규정은 어떻게 되고, 화장은 할 수 있나요?

임관 후에는 여군들도 화장을 할 수 있으며, 머리를 기를 수도 있습니다. 두발규정의 경우 육군 부사관 기준으로 말씀드리면, 후보생일 때에는 짧은 커트로 귀가 보이고 뒷머리가 옷깃을 닫지 않는 상태, 염색은 절대 금지입니다. 임관 후에는 커트, 단발머리, 긴 머리 모양이 가능하고, 염색은 금지되어 있습니다. 커트, 단발머리일 때에는 옷깃에 닿지 않은 상태를 유지해야 하고, 긴 머리는 검정망으로 머리를 올린 단정한 상태를 유지해야 합니다.

Q. 여군은 어디에서 생활하나요?

사관학교에 입학을 하거나 후보생일 때에는 단체로 기숙 생활을 하며, 임관 후에는 전후방 각지 각 부대의 상황에 따라 부대 근처에 집을 얻어 출퇴근할 수 있습니다. 또 다른 방법으로는 군대에서 지어준 관사에 거주하는 것입니다. 관사는 부대의 사정에 따라 차이가 있지만, 보통 군인이 생활하는 아파트라고 생각하시면 됩니다.

Q. 여군이 하는 일은 무엇인가요?

군대에서는 남군, 여군의 하는 일이 분류되어 있지 않습니다. 즉, 여군이라고 해서 특별히 다른 일을 하지는 않습니다. 군대는 직책과 계급을 중요시하는 조직이기 때문에 남군, 여군으로 구분하지 않고 직책과 계급에 따라 과업이 부과되고 있습니다.

해군이 되는 데 도움이 되는 고등학교가 있나요?

결론적으로는, 졸업과 동시에 해군하사로 임관할 수 있는 고등학교는 없습니다. 해군은 공군과 달리 고등학교 졸업과 동시에 해군하사로 임관되는 제도가 없기 때문입니다. 과거 경북지역의 모 공고를 졸업하면 본인 희망에 따라 육군, 해군, 공군의 하사로 임관하는 경우가 있었으나 현재는 폐지된 상태입니다.

다만, 특성화고등학교들 중 일부 해군 또는 해양과 관련이 있는 학교들이 있는데, 이 학교를 졸업한 후에 해군에서 복무하게 된다면 바다와 선박에 대한 사전지식을 바탕으로 하여 다소의 도움이 될 수는 있다고 생각됩니다. 한 가지 특기할 사항은, 특성화고등학교 중 서울에 있는 성동공고는 해군과 협약이 체결되어 있어서 졸업 후 해군병으로 복무지원을 할 경우 23개월의 의무복무 후에 전문하사로 임관하여 기본 1년을 복무할 수 있으며, 본인이 원한다면 1년을 더 연장하거나 일반하사로 전환하여 중기 또는 장기복무를 할 수 있는 기회를 제공하고 있습니다.

해군과 해병대는 어떤 차이가 있나요?

해군과 해병대는 전혀 다른 별개의 조직이 아닙니다. 한 조직에 포함된, 성격이 약간 다르면서도 보다 전문화된 역할을 하는 조직입니다. 해군은 전체로서의 큰 조직이며 해병대는 해군에 소속된 하부 조직이라고 할 수 있겠습니다. 해군은 주로 함정(군함)이라는 큰 장비를 사람(군인)이 운용하여 해상에서 각종 전투 및 작전을 수행하며, 해병대는 함정을 타고 해상을 이동하여 적지로 진입하는 순간부터 본격적인 전투를 시작하게 됩니다. 이러한 약간의 차이로 '해군'과 '해병'을 부르는 용어가 구분되기는 하지만 결국 해병대도 해군입니다. 해병대는 6·25전쟁 이전에 우리 해군이 육상까지 연계되는 작전을 수행해야 하는 상황에서 해군 내에서 자생적으로 생겨난 조직이기 때문입니다. 과거 우리 해군은 내륙의 적을 소탕하기 위해서 함정 승조원들 중 육지로 상륙하여 임무를 수행할 자원들을 뽑아 단정(모함에 탑재된 소형선박)을 이용하여 적지로 투사하였습니다. 그리고 이러한 작전은 매우 크고 중요한 성과들을 남겼습니다. 이것이 해병대가 공식적으로 탄생하게 된 계기입니다. 해군과 해병대는 '한 뿌리'이자 '한 형제'랍니다.

공군장교는 소위에서 중위, 중위에서 대위로 진급하는 데 보통 몇 년씩 걸리나요?

공군장교는 소위로 임관을 하고 1년 후 중위로 진급을 합니다. 진급정책에 따라 변동이 있기는 하지만 평균적으로 중위에서 대위로 진급하는 데는 2년이 걸립니다.

공군 전투 조종사가 되려면 다른 군인에 비해
월등해야 하는 능력이 무엇인가요?

전투 조종사가 되려면 시력이 좋아야 합니다. 색맹이나 색약도 불가능하고요. 시력의 경우 양안 교정시력 0.7 이상, 시력교정 수술은 가능하나 수술 후 3개월 이후에 입대가 가능합니다. 자세한 사항은 공군 본부 홈페이지에 접속하시면 전투 조종사 지원 자격이 잘 명시되어 있습니다.

드라마 <태양의 후예> 속에서
배우 '진구'의 극 중 이름인 '서대영' 상사와
이름이 같아서 생겼던 에피소드가 있나요?

드라마 〈태양의 후예〉에 나오는 배우 '진구'씨의 극 중 이름이 서대영 상사였는데, 저를 모티브로 하여 만든 작품이라고 할 수 있습니다. 실제 드라마에 나오는 임무 수행 및 역할, 몸까지 거의 똑같이 빼닮았다고 할 수 있을 정도로 유사합니다. 얼굴은 빼고요. 하하.

태양의 후예를 방송하는 수요일과 목요일에는 부대에서 모든 사람들이 전날 방송했던 드라마 내용으로 일과를 시작하고 마무리를 하였고, 덩달아 저에게도 관심을 많이 주셨습니다. 심지어 초등학교 친구, 중학교 친구 등 기억이 가물가물했던 친구들까지 다시 연락을 해주어 배우처럼 유명세를 탔던 기억이 납니다.

일반부사관과 특전부사관의 차이가 무엇인가요?

일반 부사관과 특전 부사관은 훈련 내용뿐만 아니라 임무수행 내용이 확연히 다릅니다. 말 그대로 일반 부사관은 군대의 일반적인 임무를 수행하고, 특전 부사관은 군대의 특별한 임무를 수행한다고 볼 수 있습니다.

잠깐! 모든 분께 궁금해요 1

Q. 고된 훈련과 심리적 부담감을 이기는 자신만의 스트레스 해소법이 있다면 무엇인가요?

장교로서 제일 큰 스트레스는 지휘통솔 하게 되는 수많은 예하 간부 및 병사들에 대한 신상관리입니다. 이 스트레스를 해소하기 위해 저는 적극적이고 능동적으로 앞장서서 임무 완수에 매진했어요. 부하들을 가족처럼 생각하고 전우애로 희로애락을 함께 하면서 어려움을 극복해 나갔지요. 또한 순간순간 발생하는 스트레스는 긍정적이고 낙천적인 마음을 가지고 좋아하는 운동을 하거나 등산과 바둑에 집중하며 해소했습니다.

또 하나의 스트레스는 계급과 직책이 바뀔 때마다 새롭게 마주하게 되는 많은 상급자와 인접 동료들 간에 의사소통의 차이로 생기는 스트레스인데요. 우선 상급자에게는 지휘 의도를 명확하게 파악해 적시에 시행 및 보고하려고 노력하였고, 동료들과는 많은 대화를 하고, 운동과 바둑 등의 취미활동을 함께 하면서 의사소통을 원활하게 하려고 노력했죠.

또, 결혼을 하면 바쁜 군 생활과 함께 가장으로서 임무도 수행해야 하는데, 때로는 가족 구성원들과 원활한 의사소통이 어려울 때도 있어요. 그래서 시간이 날 때마다 가족과 함께하는 시간을 많이 갖도록 노력했어요. 각종 집안 행사에 참여하기 어려운 군 장교 생활의 특수성 또한 가족들이 이해할 수 있도록 많은 대화와 스킨십이 필요했죠.

신체적으로 고된 훈련 때문에 스트레스가 쌓인 경우, 음악과 독서를 통해 휴식의 시간을 가지고는 했습니다. 군인의 특성상 자유로운 여행 등은 제한이 있기 때문에, 부대 인근이나 관사에서 조용한 음악과 독서를 즐겼지요. 특히, 독서는 적은 비용과 한 장소에서 다양한 경험과 지혜를 얻을 수 있는 방법이기에 지친 몸과 마음을 회복하는 데 크게 도움이 되었어요.

아울러 심적인 스트레스로 지쳤을 때는, 신체적 활동인 마라톤을 통해 기분을 전환하며 마음을 다잡았어요. 육군의 특성상 걷고 뛰는 능력은 기본 중의 기본입니다. 그러다 보니 자연스럽게 마라톤을 접하게 되었고, 하나의 취미이자 스트레스 해소법으로 활용하게 되었네요. 음악 감상과 독서, 마라톤은 현재도 즐기는 개인적 취미예요.

저마다 나름대로의 해소법이 있겠지만, 저의 경우는 체력적 · 정신적 한계에 대해 '한 번 해보자'라는 도전의식을 가지고, 훈련이 성공적으로 끝났을 때 느끼는 성취감을 생각하면서 순간순간의 고단함을 이겨내고 있어요. 사람이기에 완벽할 수 없다고들 하지만, 사람이기에 무엇이든 해낼 수도 있습니다. 자신에 대한 믿음을 잃지 않고 자신과의 싸움을 끝까지 해보는 것입니다. 훈련 중 뿐만 아니라 일상의 업무 속에서도 스트레스를 받는 경우가 더러 있는데, 이럴 때 저는 주로 운동을 합니다. 특히 30분 이상 가볍게 뛰다 보면 오롯이 현재 뛰고 있는 나 자신을 발견하면서 스트레스를 날려 버리게 되고, 그러다 보면 어느새 여러 생각이 정리되는 순간을 맞이하게 되죠.

스트레스 해소와 심리적 부담감을 이기는 저만의 방법은 의외로 단순합니다. 저는 맛십을 찾아가 맛있는 음식을 배불리 먹거나 좋아하는 운동인 골프를 칩니다. 다른 전투 조종사들도 여러 가지 자신만의 방법으로 심리적 부담감을 해소하고 있습니다. 음악을 감상하는 조종사부터 낚시를 하는 조종사, 잠을 자는 조종사, 체력 단련을 하는 조종사 등 각자의 취미생활을 통해 스트레스를 해소하고 있습니다. 스트레스를 해소하기 위해서는 취미를 만들어 즐기면서 생활하는 것이 중요합니다.

저는 땀을 흘리면서 스트레스를 해소하는 편입니다. 고된 훈련과 반복된 일상으로 인해 매너리즘에 빠질 경우가 있는데, 이럴 때일수록 제가 가장 좋아하는 등산, 구보, 수영 등으로 스트레스를 해결하죠. 취미나 특기를 한 가지 이상 살려서 나를 한 단계 발전시킬 수 있도록 꾸준한 관심과 노력을 기울이는 것이 중요해요. 또한 시간과 여건을 최대한 만들어 선후배들과 함께 운동을 하고, 샤워를 하고, 식사를 하면서 서로의 생각과 의견을 주고받으며 스트레스를 풀곤 합니다.

잠깐! 모든 분께 궁금해요 2

Q. 영화에서 보여 지는 군인의 모습과 실제 군인의 모습은 어떻게 다른가요?

영화는 실제 전투현장에서 그 전투의 성공을 가져온 영웅들의 활동을 모티브로 하지만, 관객의 애국심은 물론 호기심과 상상력을 불러일으키기 위해 실제 전투현장보다 더 자극적이고 재미있는 요소들을 일부 추가하거나 과장하여 표현하기도 하죠. 참혹한 전투 실상을 일부 제외하거나 미화하는 경우도 있지만 전투현장의 기본적인 요소들은 대부분 비슷하다고 보면 되겠습니다.

얼마 전 인기리에 방영된 드라마 '태양의 후예'에서 주인공 유시진 대위의 활약상, 한국 영화 사상 최고 관객을 불러 모았던 '명량'의 이순신 장군의 모습, 영화 '인천 상륙작전'에서 작전 성공에 결정적인 기여를 하는 첩보 활동 주인공들의 역할을 그 예로 들을 수 있겠네요.

드라마 <태양의 후예>

영화 <명량>

영화 <인천상륙작전>

영화마다 큰 차이를 보이겠지만, 우리가 흔히 접하는 전쟁영화나 액션 영화 속에 등장하는 군인의 모습은 실제 군인들의 모습과 큰 차이는 없습니다. 군인이 등장하는 영화나 드라마를 촬영할 때 사실성을 높이기 위해 실제 군인들이 자문을 합니다.

하지만 영화에서는 상영시간이라는 제한 때문에 임무를 수행하고 어려움에 처한 사람들을 구해주는 결과를 중심으로 보여주게 됩니다. 실제로는 그런 능력을 갖추고 실제 임무수행을 성공적으로 완수하거나, 전쟁에서 적군을 물리치기 위해서, 영화에서는 보여주지 못하는 엄청난 양의 훈련을 평소에 반복해야 하죠. 군인들 사이에서는 실전보다 훈련이 훨씬 힘들다고 이야기할 정도로 훈련의 강도는 매우 높습니다. 영화처럼 멋진 모습으로 작전을 수행하기 위해서는 평상시 훈련을 계속하고 있는 군인들의 참모습이 숨겨져 있다는 것을 기억해 주기 바랍니다.

영화 속에서의 군인이라면 딱 두 가지의 모습이 아닐까요? 하나는 전투현장에서 무기를 이용하여 적과 싸우는 모습, 다른 하나는 지하의 넓은 지휘본부에서 모니터들을 보며 작전을 지휘하는 모습. 이 두 가지는 공간과 행동은 많이 다르더라도 적과 싸우는 공통점을 가지고 있습니다. 영화에서 볼 수 있는 이러한 모습은 실제 군인들에 있어서도 볼 수 있습니다. 그러나 영화에서 볼 수 없는 더 많은 모습들이 실제 군인들에겐 있겠죠? 간부의 업무영역 측면에서 이에 대한 예를 들자면, 장병 인원관리, 장비 정비, 교육 · 훈련, 다른 부대 혹은 공공기관이나 민간단체와의 업무협조 등 전투와는 직접적인 관계가 없을 것 같은 분야에서 평소의 군인들은 적지 않은 노력을 쏟고 있습니다. 이러한 업무들을 추진하기 위한 계획을 세우고, 협조회의를 하고, 실제로 추진하고, 추진결과를 분석하고 향후 대책을 마련하는 등 사무실 안에서 업무를 하는 시간도 많답니다. '군대에서는 공부는 안 할 것 같아서 군대에 왔다.'고 하는 사람들이 더러 있는데, 적과 싸워 이기려면, 그리고 부대를 발전시키려면 공부도 열심히 해야 하지요.

전투 조종사를 소재로 하는 영화들을 보면 주인공들은 항상 도전적이고 규정과 절차를 무시하는 모습으로 묘사되는 경우가 있습니다. 또한 임무 중 상관의 명령을 무시하는 장면도 자주 보게 되지요. 하지만 실제로 전투 조종사는 규정과 절차를 매우 중요하게 여깁니다. 또한 전투 조종사는 비행을 하지 않을 때에는 조종사 간 비교적 자유롭게 지내지만 비행 중에는 엄청난 군기를 유지합니다.

제가 볼 때에는 영화에서 보여지는 군인과 실제 군인의 모습은 별반 다르지 않다고 생각합니다. 나라를 지키고 국민의 생명과 재산을 지키는 마음은 영화든 실제이든 한결같이 똑같습니다. 다만 차이점이 있다고 하면 영화나 드라마는 과장된 부분이 있거나 보여주기 위한 상황이 있는 반면에 실제 군인은 과장된 부분이 절대 없다는 것입니다.

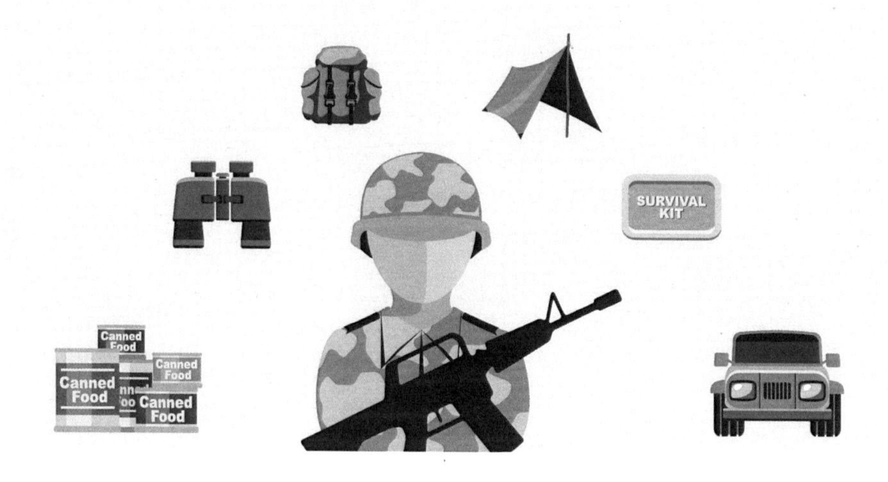

대한민국의 든든한 수호자, 군인

각 사관학교 입시 요강

해군사관학교

육군사관학교

공군사관학교

육군사관학교 입시요강

구분				내용
지원 자격				만 17세 이상 21세 미만 출생한 대한민국 국적을 가진 신체 건강하고 사상이 건전한 미혼 남녀로서 아래의 자격 요건을 모두 충족해야 함. • 대한민국 단일 국적 소지자 • 고등학교 졸업자, 졸업예정자 또는 교육부 장관이 이와 동등 이상의 학력이 있다고 인정한 자 • 군 인사법 제10조 제2항의 결격사유에 하나라도 해당되지 않는 자
일반전형	우선선발	10% 이내	고교 학교장 추천	• 고교학교장 추천서 제출 (학교당 재교생 2명 이내, 졸업생 1명 이내) • 2차 시험 성적이 2차 시험 합격자 전체의 상 위 30% 이내인 자를 계열별/성별 구분하여 득점순으로 우선 선발
		20% 이내	군적성	• 고교교사 추천서 제출(전원) • 2차 시험 득점 순으로 계열별/성별 구분하여 우선 선발
		20% 이내	일반	• 고교교사 추천서 제출(전원) • 1차, 2차 시험 각 50%씩 반영된 성적의 득점순으로 계열별/성별 구분하여 우선 선발
	정시선발	50% 이내		• 고교교사 추천서 제출(전원) • 정시선발 최종성적 득점순으로 계열별/성별 구분하여 선발
특별전형		5명 내외		• 부모와 함께 외국에 체류하면서 해당 외국에서 고교 2년을 포함, 연속 3년 이상 수학하고 국내·외 고교를 졸업한 자 또는 졸업예정인 자 • 외국어: 7개국 언어로 제한(영어, 독일어, 프랑스어, 스페인어, 중국어, 러시아어, 일본어) • 선발심의 대상자 중 재외국민자녀 특별전형 최종성적 득점순으로 선발

<table>
<tr><th>구 분</th><th colspan="2">내 용</th></tr>
<tr><td rowspan="3">1차
시험</td><td>국어</td><td>화법과 작문, 독서와 문법, 문학</td></tr>
<tr><td>영어</td><td>영어 Ⅰ, 영어 Ⅱ</td></tr>
<tr><td>수학</td><td>가형 : 미적분 Ⅱ, 확률과 통계, 기하와 벡터
나형 : 수학 Ⅱ, 미적분 Ⅰ, 확률과 통계</td></tr>
<tr><td rowspan="5">2차
시험</td><td rowspan="2">체력검정</td><td>윗몸일으키기
팔굽혀펴기
오래달리기 (남자 1,500m, 여자 1,200m)</td></tr>
<tr><td>• 전 종목 점수제 및 합·불제 적용으로 3종목 중 1종목 이상 불합격 시 최종 불합격
• 우선선발 지원자는 별도의 체력검정 과락 기준 적용: 1종목 이상 과락 발생 시 우선선발에서 제외</td></tr>
<tr><td rowspan="2">신체검사</td><td>일반 체위(신장/체중),
신체검사(내과, 피부과 등 11개 종목)로 구분</td></tr>
<tr><td>일반체위(신장/체중) 3급인 경우 최종심의위원회에서 합·불 결정</td></tr>
<tr><td>면접시험</td><td>집단토론, 구술면접, 학교생활, 지원동기, 외적자세, 심리검사 등
1박 2일간 진행</td></tr>
<tr><td rowspan="2">가산점
(면접시
부여)</td><td>나라사랑
유공자</td><td>독립유공자 손자녀, 국가유공자 자녀
(보국수훈자는 2012년 7월 1일 이전 수상자만 가산점 부여)</td></tr>
<tr><td>한국사
능력시험</td><td><table>
<tr><th rowspan="2">등급</th><th colspan="2">고급</th><th colspan="2">중급</th><th colspan="2">초급</th></tr>
<tr><td>1급</td><td>2급</td><td>3급</td><td>4급</td><td>5급</td><td>6급</td></tr>
<tr><td>가산점</td><td>3</td><td>2.6</td><td>2</td><td>1.6</td><td>1</td><td>0.6</td></tr>
</table></td></tr>
</table>

• 출처 : 2017학년도 육군사관학교 입시요강

해군사관학교 입시요강

<table>
<tr><th colspan="2">구 분</th><th colspan="2">내 용</th></tr>
<tr><td colspan="2">지원 자격</td><td colspan="2">• 대한민국 국적을 가진 미혼 남·여
• 1996년 3월 2일부터 2000년 3월 1일 사이 출생한 자
• 고등학교 졸업자, 2017년 2월 졸업 예정자 또는 교육부 장관 이 이와 동등 이상의 학력이 있다고 인정한 자
• 외국에서 12년 이상의 학교 교육과정을 이수하였거나, 정규 고교 교육과정을 이수한 자
• 군 인사법 제10조 1항의 임용자격이 있는 자
• 군 인사법 제10조 2항에 의한 결격 사유에 해당되지 않는 자</td></tr>
<tr><td rowspan="2">일반전형</td><td>수시선발</td><td>40% 이내</td><td>1차 시험 : 학과 시험
서류평가 : 교과성적, 출결성적, 비교과성적
2차 시험 : 면접, 체력검정, 신체검사
※ 수시 합격자 선발 : 수능시험 없이 최종합격자 선발</td></tr>
<tr><td>정시선발</td><td>30% 내외</td><td>1차 시험 : 학과 시험
2차 시험 : 면접, 체력검정, 신체검사</td></tr>
<tr><td colspan="2">특별 전형</td><td>30% 이내</td><td>해당 고교 학교장 추천을 받은 자(학교당 2명 이내)
1) 1차 시험 : 학과 시험
2) 2차 시험 : 면접, 체력검정, 신체검사, 잠재역량</td></tr>
<tr><td colspan="2">재외 국민 자녀 전형</td><td>2% 이내</td><td>부모와 함께 외국에서 고교 1년을 포함하여 연속 3년 이상 수학한 자
1) 1차 시험 : 학과 시험
2) 2차 시험 : 면접, 체력검정, 신체검사</td></tr>
<tr><td colspan="2" rowspan="3">우대 입학</td><td>5% 이내</td><td>독립유공자 손자녀(외손자녀 포함)/자녀
국가유공자 자녀</td></tr>
<tr><td>4% 이내</td><td>어학우수자</td></tr>
<tr><td>선발 방법</td><td>성별 및 계열별로 구분하여 모집인원의 2배수 이내인 자에 대해 위원회에서 심의/의결</td></tr>
</table>

<table>
<tr><th>구 분</th><th colspan="2">시 험 내 용</th></tr>
<tr><td rowspan="3">1차
시험</td><td>국어</td><td>화법과 작문, 독서와 문법, 문학</td></tr>
<tr><td>영어</td><td>영어 Ⅰ, 영어 Ⅱ</td></tr>
<tr><td>수학</td><td>가형 : 미적분 Ⅱ, 확률과 통계, 기하와 벡터
나형 : 수학 Ⅱ, 미적분 Ⅰ, 확률과 통계</td></tr>
<tr><td rowspan="3">서류
평가
(학생부)</td><td>교과성적
(90점)</td><td>국어, 영어, 수학, 도덕, 사회, 과학 관련 전 교과 중 이수과목</td></tr>
<tr><td>출결성적
(10점)</td><td>결석일수에 따라 1~5등급으로 환산
※ 병결 및 공결로 인한 결석은 결석일수에 산정되지 않음</td></tr>
<tr><td>비교과
성적
(100점)</td><td>가치관, 용기(성실성), 리더십, 입교 의지
(학교장 추천서, 학교생활기록부, 자기소개서 등 제출한 서류를 정성적 평가 기준에 따라 평가 실시 후 평가등급 점수로 정량화)</td></tr>
<tr><td rowspan="4">2차
시험</td><td rowspan="2">체력검정</td><td>윗몸일으키기
팔굽혀펴기
오래달리기 (남자 1,500m, 여자 1,200m)</td></tr>
<tr><td>1종목 이상 최저기준 미달자는 위원회에서 합격 여부 심의</td></tr>
<tr><td>신체검사</td><td>신체검사 기준에 따라 합격·불합격 판정
• 주요 신체검사 합격기준
1) 신장 : 남자(161cm 이상 195cm 이하),
여자(155cm 이상 180cm 이하)
2) 혈압 : 수축기 혈압 140mmHg 미만
또는 이완기 혈압 90mmHg 미만</td></tr>
<tr><td>면접시험</td><td>국가관·역사관·안보관, 군인기본자세, 주제토론, 적응력, 종합평가</td></tr>
<tr><td>가산점</td><td>한국사
능력시험</td><td><table><tr><th>반영점수</th><th>반영등급</th><th>반영방법</th></tr><tr><td>4점</td><td>중급이상</td><td>취득점수
(100점 만점)
× 0.04</td></tr></table></td></tr>
</table>

• 출처: 2017학년도 해군사관학교 입시요강

공군사관학교 입시요강

구 분	내 용	
지원 자격	• 대한민국 국적을 가진 미혼 남·여 • 1996년 3월 2일부터 2000년 3월 1일 사이 출생한 자 • 고등학교 졸업자, 2017년 2월 졸업 예정자 또는 교육부 장관 이 이와 동등 이상의 학력이 있다고 인정한 자 • 군 인사법 제10조 2항에 의한 결격 사유에 해당되지 않는 자	
일반 전형	1차 시험 : 학과 시험 서류평가 : 교과 성적 2차 시험 : 면접, 체력검정, 신체검사, 국가·안보관 논술	
특별 전형	어학우수자 전형 (5명 이내)	영어, 일본어, 중국어, 프랑스어, 독일어, 러시아어, 스페인어 외국어 어학능력시험 최저기준 이상자
	재외국민자녀 전형 (2명 이내)	• 외국에서 고교 1년을 포함하여 연속 3년 이상 수학한 자 • 주재국 고교성적 B이상인 자 • 기초 군사훈련이 가능한 자 • 영어, 일본어, 중국어, 프랑스어, 독일어, 러시아어, 스페인어 어학능력시험 최저 기준 이상자
	독립유공자 (외)손자녀 전형 (2명 이내)	독립유공자 예우에 관한 법률 제4조 제1호 및 제2호에 해당되는 순국선열과 애국지사의 (외)손자녀
	국가유공자 자녀 전형 (2명 이내)	국가유공자 등 예우 및 지원에 관한 법률 제4조에 해당되는 국가 유공자의 자녀

구 분	시 험 내 용	
1차 시험	국어	출제범위는 해당연도 대학수학능력 시험과 동일, 출제 형식 유사
	영어	
	수학	
	가산점 부여	1차 시험 상위 2등급(11%) 이내인 자 29×[(취득점수-최저점) / (최고점-최저점)]+1 * 최고점 : 합격자 최고점수 * 최저점 : 2등급(11%) 최저점수
2차 시험	체력검정	윗몸일으키기 팔굽혀펴기 제자리멀리뛰기 오래달리기 (남자 1,500m, 여자 1,200m)
	신체검사	신체검사 당일 합격·불합격 판정 • 공중근무자 신체검사 기준 적용 • 공중근무자 신체검사 시력 및 굴절기준 미충족자 중 공군사관학교 신체검사를 통해 시력교정 수술 적합자는 합격 가능
	역사 · 안보관 논술	한국사 및 국가안보와 관련된 역사적 사실, 중요한 이슈를 기승전결 또는 서론, 본론, 결론으로 구성된 완성형 논제를 제시하여 역사관, 안보관 평가
	면접시험	성격, 가치관, 희생정신, 역사·안보관, 학교생활, 자기소개, 가정·성장환경, 지원동기, 용모·태도, 개인의식, 공동의식
서류 평가 (학생부)	교과성적	국어, 영어, 수학, 사회(인문), 과학(자연) 9등급으로 환산하여 반영
가산점	한국사 능력시험	중급이상 취득점수 × 0.1 * 고급성적도 중급성적과 동일하게 반영

• 출처 : 2017학년도 공군사관학교 입시요강

육군3사관학교 입시요강

구분	내용
지원 자격	• 1992년 3월 1일부터 1998년 2월 28일 사이 출생한 만 19세 이상 25세 미만인 대한민국 국적을 가진 미혼 남녀 • 4년제 대학교 2학년 이상 수료자 또는 2017년 2월 2학년 수료 예정자로 수료일 기준 재학 중인 대학의 2학년 수료학점을 취득한 자 • 2년제/3년제 대학교 졸업자 또는 2017년 2월 졸업예정자 • 학점은행제는 전문학사(80학점) 취득자, 학사학위 취득 신청자 중 전문학사 이상 학위 취득자 또는 2017년 2월 전문학사 이상 취득 예정자 • 위와 동등 이상의 학력이 있다고 교육부 장관이 인정한 자 • 각 군(軍) 사관학교 및 후보생 과정에서 퇴교당하지 아니한 자(질병 퇴교 제외) • 군 인사법 제10조에 의거 장교 임관 자격상 결격사유가 없 는 자

구분	시험내용				
1차 시험	대학 성적 (40%)	• 2년제, 4년제 대학교 2학년 재학생은 1학년 2학기 성적까지 적용 • 3년제 대학교 재학생은 2학년 2학기 성적까지 적용 • 2년제 대학교 졸업자 및 4년제 대학교 2학년 이상 수료자는 대학에서 취득한 전 학년 성적을 적용하고, 편입생은 편입 前 대학성적과 現 대학성적 모두 적용 • 외국학교 등 기타 대학성적은 교육부평가 기준에 의거 적용			
	대학 수학 능력 평가 (60%)	• 언어영역 • 외국이영역/ 수리영역 중 택 1	또는	고교 내신 성적 (60%)	• 적용과목 : 국어, 영어, 수학 • 학년별 비율 : 1학년(30%), 2학년(30%), 3학년(40%)

2차 시험	영어	모의토익(Listening 100문제, Reading 100문제) 평가
	간부 선발 도구	언어능력, 자료해석, 공간능력, 지각속도
3차 시험	면접	인성, 심리평가, 자세 및 태도 개인자질, 적성, 지원동기, 집단토의
	체력 검정	윗몸일으키기, 팔굽혀펴기 오래달리기 (남자 1,500m, 여자 1,200m)
	신체 검사	신체검사 기준에 따라 합격·불합격 판정 • 주요 신체검사 합격기준 1) 신장 : 남자 161cm-195cm, 여자 155cm-183cm 2) 체중 : 남자 46kg-119kg, 여자 44kg-86kg 3) 시력 : 교정시력 0.7 이상
가산점	• 외국어(영어, 일어, 중국어, 프랑스어, 스페인어, 아랍어, 베트남어, 러시아어) 우수자 • 전산(PCT, 컴퓨터활용능력, 워드프로세서) 자격증 소지자 • 무도(태권도, 유도, 검도) 유단자	

• 출처 : 2017학년도 육군3사관학교 입시요강

육군부사관학교 입시요강

<table>
<tr><th>구 분</th><th>내 용</th></tr>
<tr><td>지원자격</td><td>• 현역부사관
- 고등학교 졸업 이상의 학력 소지자 또는 동등 이상의 학력이 있다고 교육부장관이 인정하는 자
- 만 18세 이상 만 27세 이하인 자
- 일병(군복무 5개월 이상 경과자), 상병, 병장 중 지원자
- 군 인사법의 임관 결격사유가 없는 자

• 민간부사관
- 고등학교 졸업 이상의 학력 소지자 또는 동등 이상의 학력이 있다고 교육부장관이 인정하는 자
- 만 18세 이상 만 27세 이하인 자
- 군 인사법의 임관 결격사유가 없는 자

• 예비역부사관
- 사상이 건전하고 품행이 단정하며 체력이 강건한 사람
- 최근 3년 이내 전역한 예비역 장교(중위~대위)로서 재임용 후 3년 이상 복무가능자
- 전역 시 계급 · 병과와 임용 계급·병과가 일치하는 자
- 군인사법 제10조 2항 임관 결격사유에 해당되지 않는 자

• 전문대부사관
- 전문대 재학생(남자) 중 2학년(3년제 대학은 3학년) 재학생
- 임관일 기준 만 18세 이상 만 27세 이하인 자
- 사상이 건전하고 소행이 단정하며 체력이 강건한 자
- 군 인사법의 임관 결격사유가 없는 자</td></tr>
</table>

• 신체조건(공통)

<table>
<tr><th>구 분</th><th>신 장</th><th>체 중</th><th>시 력</th><th>비 고</th></tr>
<tr><td>男</td><td>161cm ~ 195cm</td><td>46 ~ 120kg 미만</td><td rowspan="2">교정시력
우 0.7
좌 0.5 이상</td><td rowspan="2">문신자는
육규 판정
기준 적용</td></tr>
<tr><td>女</td><td>152cm ~ 183cm</td><td>44 ~ 87kg 미만</td></tr>
</table>

구분	시험내용	
현역 부사관	필기평가	• 지적능력평가 : 공간, 지각, 자료해석력 • 국사평가 : 언어논리력, 국사 • 직무성격/상황판단검사, • 인성검사
	직무수행 능력평가	• 전공 및 자격/면허 • 잠재역량 : 한국어, 전산, 한자, 무도, 리더십, 영어
	체력평가	• 1.5㎞ 달리기, 윗몸일으키기, 팔굽혀펴기
	면접평가 /인성검사(심층)	• 발표력/표현력, 국가관/리더십, 태도, 발음, 예절, 성장환경, 품성
	신체검사	• 육규 161(건강관리 규정)을 적용
민관 부사관	필기평가 /인성검사	• 지적능력평가 : 공간, 지각, 자료해석력 • 국사평가 : 언어논리력, 국사 • 직무성격/상황판단검사/인성검사
	직무수행 능력평가	• 전공 및 자격/면허 1) 법무 : 헌법, 민법, 형법, 형사소송법 2) 군악 : 자유곡, 초견(당일제시) 3) 헌병 : 자격/면허, 고교출석률 4) 군종 : 자격/면허, 고교출석률 • 잠재역량 : 한국어, 전산, 한자, 무도, 리더십, 영어
	체력평가	• 1.5㎞ 달리기, 윗몸일으키기, 팔굽혀펴기
	면접평가 /인성검사(심층)	• 기본자세/품성평가, 국가관/안보관/리더십/상황 판단, 고교출석상황
	신체검사	• 육규 161(건강관리 규정)을 적용
예비역 부사관	1차선발	• 근무평정, 교육성적, 상훈, 잠재역량(학위,자격증)
	체력평가	• 1.5㎞ 달리기, 윗몸일으키기, 팔굽혀펴기
	면접평가	• 집단토론 : 국가관/안보관, 표현력/논리성/사회성 • 집단면접 : 리더십/상황판단, 이해력/판단력, 군인복무규율, 병과직무지식 • 개인면접 : 지원동기/군생활목표, 종합면접
	신체검사	• 육규 161(건강관리 규정)을 적용
	신원조회	• 군인사법 10조의 임관결격사유를 중점으로 실시

구분	시험내용	
전문대 부사관	필기평가/인성검사	• 지적능력평가, 국사, 상황판단평가, 직무성격검사, 인성검사
	직무수행 능력평가	• 관련학과 및 자격증 • 잠재역량 : 한국어, 한자, 영어, 무도, 전산, 리더십
	대학성적	• 등급별점수제, 70점 미만 불합격처리
	체력평가	• 1.5㎞ 달리기, 윗몸일으키기, 팔굽혀펴기
	면접평가	• 외적자세 : 신체균형, 발성/발음 • 내적역량 : 국가관/안보관, 리더십/상황판단, 표현력/논리성, 이해력/판단력 • 품성평가 : 지원동기, 사회성, 예절/태도 • 고교출석상황
	인성검사(심층)	• 1차 인성검사를 바탕으로 심층면접 실시
	신원조회	• 지원 기무부대 협조 시행
	신체검사	• 육규 161(건강관리 규정)을 적용

※ 군장학생 특기별 모집

병과	세부특기	병과	세부특기
보병	일반보병	화학	화생방작전
기갑	전차승무	병참	물자보급
	전차정비		장비수리부속보급
	장갑차		조리
포병	야전포병	병기	대공포정비
	로켓포병		로켓정비
	포병작전		유도무기정비
			총보정비
방공	방공무기운용		광학/감시장비정비
정보	인간정보		전차/장갑차정비
	신호정보		자주포정비
	영상정보		전술통신정비
공병	전투공병		특수통신정비
	시설공병		차량정비
	공병장비운용/정비		공병중장비정비
			탄약관리
통신	전술통신운용	수송	수송운용
	특수통신운용		이동관리
	정보체계운용		항만운용
항공	항공운항	의무	일반
	항공정비		전문

해군부사관 특별전형 모집계열 및 지원자격

계 열	지 원 자 격
기술·행정	고졸(동등) 이상 학력이면 누구나 지원 가능 ※ 단, 중졸 학력자는 기술·행정계열 관련 「국가기술자격법」에 의한 자격증 소지자 ※ 전 계열 색맹 지원 불가(조타, 전탐 직별 색약 지원 불가)
항공	고졸(동등) 이상 학력이면 누구나 지원 가능 ※ 단, 중졸 학력자는 항공계열 관련 「국가기술자격법」에 의한 자격증 소지자 ※ 공중근무자 신체검사 별도 실시(색맹/색약 지원불가)
운전	자동차, 정비, 건설기계(중장비) 관련 전공 및 자격증 소지자 (1종 보통 이상 운전면허 필수) ※ 단, 중졸 학력자는 수송 계열 관련 「국가기술자격법」에 의한 자격증 소지자
조리	식품영양학 등 관련학과 수료 및 재학생 또는 한식/양식/중식/일식/특수조리사 등 관련 자격증 소지자 ※ 단, 중졸 학력자는 조리계열 관련 「국가기술자격법」에 의한 자격증 소지자
군악	음악계열(성악, 뮤지컬전공) 학과 학사 이상 재학 및 졸업자 국악계열(판소리, 민요전공) 학과 학사 이상 재학 및 졸업자

공군부사관 특별전형 모집계열 및 지원자격

계 열	지 원 자 격
영어우수자 (항공관제)	TOEIC750점(TOEFL84, TEPS594) 이상인 사람
제2외국어 우수자 (항공통제)	일어/중국어/러시아어 관련 학과 1년 이상 전공자 또는 해당국가 현지 교육기관 1년 이상 수학한 사람
공정통제사 (항공관제)	다음 신체기준을 충족하는 사람 - 신장/시력 : 170cm 이상/나안시력 0.8 이상 - 항공종사자(공중근무자) 신체검사 3급 이상(軍신체검사)
항공구조사 (항공구조)	전문대 졸업 또는 4년제 대학 2년 이상 수료자(전공무관) 중 다음 신체기준을 충족하는 사람 - 신장/시력 : 170cm 이상/나안시력 0.7 이상
안전점검관 (항공안전)	전문대 졸업 또는 4년제 대학 2년 이상 수료 또는 안전, 산업안전, 위생, 소방, 소방안전, 전기, 가스, 화학, 기계, 건축 관련분야 자격증을 소지(산업기사 이상)한 사람
정보보호 (정보체계관리)	다음 조건 중 1가지를 충족하는 사람 - 정보보호공학/컴퓨터공학/전자공학 전공 전문대학 및 대학교 재학 또는 졸업자 - 정보보호분야 실무경력 (공공기관/업체) - 정보보호분야 국가/국제공인 및 동등 수준의 자격자 - 정보보호/해킹대회 입상자(국제 10위, 국내 3위 이내) - IT 역량지수(TOPCIT) 정기평가 300점 이상 획득자 - BoB센터 "차세대 보안리더 양성 프로그램" 과정 선발자
성 훈 (정 훈)	전문대 졸업 또는 4년제 대학 2년 이상 수료한 사람 - 사진/영상 관련 전공 또는 경력자 - 광고/홍보/커뮤니케이션 계열 학과 - 산업/시각/웹디자인 계열 학과
태권도 (총 무)	태권도 공인 4단 이상 고단자
군 악 (군 악)	(남) 금관 관련 전공자 및 경력자 (여) 보컬, 국악(판소리, 가야금/병창) 관련 전공자 및 경력자

부사관 학과가 설치된 대학

지역	학교명	지역	학교명
경기	경기과학기술대학교	경북	가톨릭상지대학교
	경민대학교		경북과학대학교
	국제대학교		경북도립대학교
	동원대학교		경북전문대학교
	두원공과대학		계명문화대학교
	여주대학교		구미대학교
	연성대학교		대경대학교
	장안대학교		대구공업대학
	한국관광대학		대구과학대학교
충남	대덕대학		대구미래대학교
	대전보건대학교		선린대학
	신성대학교		수성대학교
	우송정보대학		안동과학대학교
	혜전대학교		영남이공대학교
	과학기술대학교		영진전문대학교
충북	대원대학교		포항대학
	충북보건과학대학교	경남	경남정보대학교
	충청대학교		김해대학교
전북	원광보건대학교		동부산대학교
	전주기전대학교		마산대학
	전주비전대학교		부산과학기술대학교
전남	동강대학교		창원문성대학
	서영대학교	강원	강릉영동대학교
	조선이공대학교		상지영서대학교
	청암대학교		송곡대학교
	전남과학대학교		

군인과 관련된 도서와 영상

도서

직업군인과 관련해 더 많은 정보를 얻고 싶다면 이 책들을 통해 꿈에 더 가까이 다가가 보는 것은 어떨까요?

도서 <나의 직업 군인 - 육군편>

도서 <나의 직업 군인 - 공군편>

· 나의 직업 군인 - 육군, 공군편

이 책은 군인이라는 직업을 꿈꾸는 청소년들에게 군인의 세계, 군인의 임무, 군인의 되는 길, 진급 및 연봉, 정년에 관한 유익한 내용을 자세하게 소개하고 있다.

• 군인을 위한 행복 이야기

도서 <군인을 위한 행복 이야기>

군인으로 살면서 상처받기 쉬운 마음을 위로하고 힘을 내게 하는 마음 수양(修養)을 위한 책이다. 모든 직업이 마찬가지이지만 계급이 중시되는 군인의 세계에서는 밝은 마음과 따뜻한 인간애가 중요하기 때문에 이를 강화하고자 월별 테마로 엮은 책이다. 현직 군인들에게 추천되는 도서이며, 군인을 꿈꾸는 청소년뿐만 아니라 진로에 대해 고민하고 있는 청소년들도 한 번 쯤 읽어볼 만한 도서이다.

영화와 드라마

학창시절 영화 '탑건'을 보고 공군의 꿈을 꾸게 된 박성주 소령처럼 우리도 군인의 이야기를 소재로 한 재밌는 드라마와 영화를 통해 그들의 삶을 간접 체험해 볼까요?

• 진정한 군인의 책임감을 느낄 수 있는 드라마 <태양의 후예>

드라마 <태양의 후예>

태양의 후예는 낯선 땅 극한의 환경 속에서 사랑과 성공을 꿈꾸는 젊은 군인과 의사들을 통해 삶의 가치를 담아내는 블록버스터급 휴먼 멜로 드라마이다. 중앙아시아 가상 국가 '우르크'를 배경으로 전쟁과 질병으로 얼룩지고 기상 이변으로 재난이 일어난 낯신 땅에 파병된 군인과 의료봉사를 하는 의사들을 통해 극한 상황 속에서도 군인의 전우애와 동기애를 느낄 수 있고 생명의 소중함을 깨닫게 하는 작품이다.

모든 꿈은 돈으로 통하고, 행복은 성공 순이라고 말하는 정글 같은 현실에서 살아남기 위해 인간으로서의 미덕과 가치들은 쉽게 외면하고 지내는 현대인들에게 돈의 가치를 소중히 여기되 돈의 노예로 살지 않기를, 힘의 권위를 명예롭게 지키되 부당한 힘에는 결코 굴복하지 않기를, 성공을 향해 전력을 다하되 성공의 자리에는 더 큰 책임의 무게가 따른다는 것을 명심하기를 바라는 제작자의 의도가 담겼다.

드라마 <태양의 후예>

약자의 죽음은 은폐되고, 강자의 독식은 합리화되며, 비겁하게 타협한 자의 출세는 지혜롭다는 칭송을 받고, 의롭게 저항한 자의 몰락은 무모하다 폄하 당하는 현실과 탐욕이 선이라 말함에 이제 아무도 부끄러워하지 않는 세상에 다른 이의 즐거움에 크게 웃어줄 수 있고, 작은 아픔도 함께 울고 안아줄 수 있는 인간적인 삶을 살아가는 영웅을 만날 수 있다.

• 최정예 특수부대 영화 <액트 오브 밸러>

우리가 숨 쉬는 한 불가능은 없다! 구하느냐 구하지 못하느냐, 오직 그것뿐이다!

'액트 오브 밸러 : 최정예 특수부대'는 납치된 CIA 요원을 구출하기 위해 투입된 세계 최강의 최정예 특수부대 '네이비 실'의 프로페셔널한 대테러 진압 액션을 그린 액션 블록버스터로 사실감 넘치는 스토리가 돋보이는 작품이다. 이 영화 속 등장하는 전략과 전술, 무기는 모두 실제 사건을 바탕으로 재구성되었다.

영화 <액트오브밸러>

2009년 소말리아 해적에게 납치된 미국 화물선 인질 구출작전과 2011년 파키스탄에서 9.11 테러의 주범 오사마 빈 라덴 사살을 성공적으로 완수한 바 있는 '네이비 실'이 실제로 겪은 다섯 가지 사건을 중심으로 제작에 착수하였고 극적인 느낌을 더하는 영화적인 작업이 더해져 특수부대의 실감 나는 모습을 살펴볼 수 있는 작품이다.

영화 <액트 오브 밸러>

생생 인터뷰 후기

'태양의 후예' 드라마를 보고 송중기와 진구의 매력에 흠뻑 빠진 아줌마. 캠퍼스멘토와 인연이 되어 직업 • 학과카드를 만들던 중 진로안내를 위한 도서제작의 기회가 왔을 때, 고민도 안 하고 군인편을 해보겠다고 나섰다. 마치 그 작업을 하면 송중기와 진구를 만날 수 있을 것 같은 착각이 들어서일까?

군인편을 진행하면서 군인은 인터뷰 인원의 섭외부터 난관에 부딪혔다. 현직 군인은 보안상의 문제로 인터뷰하는데 제약이 있었고, 개인적인 섭외 또한 불가능하였다. 고민 끝에 청와대 사이트 국민신문고에 이 책의 취지를 자세히 설명하고 육군, 해군, 공군 본부에 민원을 넣었고, 인터뷰를 할 수 있도록 협조를 구하는 글을 구구절절하게 설명하여 어렵게 인터뷰 인원을 확보하였다. 각 본부의 홍보장교들의 도움으로 유능한 군인들을 인터뷰하게 되었는데, 거리와 시간의 제약으로 인해 실제 군인들을 만나보지는 못하고 서면과 유선으로 인터뷰를 진행하게 되었다. 8개월 동안 4차에 걸쳐 서면과 유선으로 인터뷰를 진행하게 되면서 생각보다 인터뷰 시간이 길어져 어려움이 따랐다. 인터뷰 대상자와 직접 연락을 할 수 없었던 공군과 해군의 경우는 본부의 장교들을 통해 자료를 주고받으며 진행하였기 때문에 몇 개의 질문에 답변을 받는데 한 달 이상의 시간이 걸린 적도 있었다. 또한 공군 본부에서 보안을 이유로 인터뷰 대상자에 대한 다양한 정보를 싣지 못한 점도 어려움이었다.

이렇게 시간은 많이 걸리고 어려움이 따랐지만, 다섯 명의 군인과 인터뷰를 하면서 느낀 것은 진정한 군인은 보통사람하고는 다른 '강인함'이 있다는 것이었다. 보통 어려운 일에 직면하면 포기하고 내던지고 싶은 마음이 드는 것이 당연한데, 그들은 그 상황에 직면했을 때 어려운 일을 기꺼이 맞이하고 받아들이는 행동이 몸에 배어 있었다. 그 선택이 나에게 불이익과 불편함을 준다고 해도 나보다 우선으로 생각하는 나라와 국민, 이것은 인간의 본성을 누르고 이성으로 판단하여 행동하는 진정한 강자의 선택이었다. 학생들에게 진로안내를 위한 도서를 제작하기 위해 시작한 것이었지만, 14년간 교단에서서 똑같은 패턴의 학교생활에 익숙해져 쉬운 길만을 선택하고 있는 나에게 반성의 시간을 갖게 해준 소중한 경험이었다. 이렇게 소중한 경험을 할 수 있도록 육아를 전적으로 맡아준 남편 엄주호 님께 감사의 마음을 전한다.

인터뷰에 응해주신 육군 중령 출신 류덕상 교수님, 육군 소령 출신 이건호 대표님, 해군 허준욱 중령님, 공군 박성주 소령님, 육군 특전사 서대영 상사님께 감사의 마음을 전한다. 이분들의 군인정신을 본받아 군인을 꿈꾸는 청소년들이 희망과 자신감이 생기기를 바라는 마음이다.

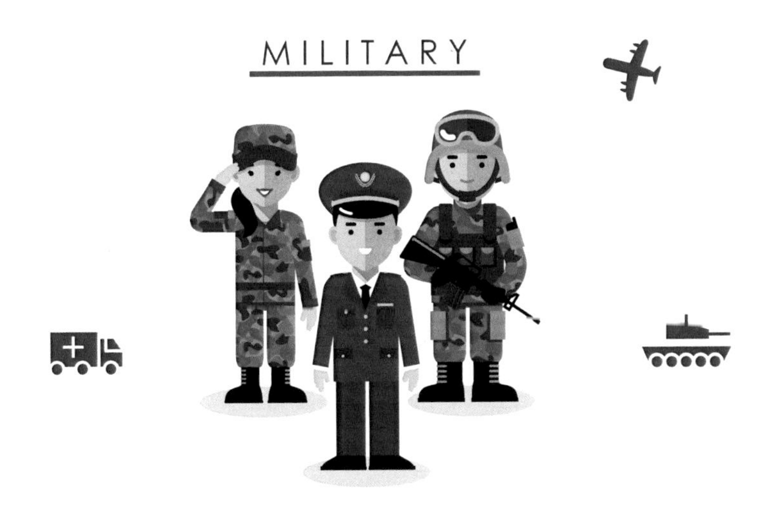